养猪与猪病防治

实训手册

◎ 达富兰　主编

中国农业科学技术出版社

内容提要

本实训手册是在学习养猪与猪病防治课程基础理论知识的同时，为了增强对理论知识的理解和掌握，提升学生实践操作技能水平而配套开发的一本以单项实训为主的手册，以提高学生在实践中具体运用理论知识的能力。本实训手册有猪的养殖和猪病防治 2 个项目，分为 24 个实训，可作为高职高专畜牧兽医专业学生的配套实训手册，也可作为从业人员自学技能的实训手册和养猪企业技术人员的参考书籍。

编委会成员

主　编

达富兰

参　编

（按姓氏笔画排序）

毛玉平　李双林

黄虎伟　薛万朝

前言 PREFACE

党的二十大报告提出："统筹职业教育、高等教育、继续教育协同创新，推进职普融通、产教融合、科教融汇，优化职业教育类型定位。"2022年12月，中共中央办公厅、国务院办公厅印发了《关于深化现代职业教育体系建设改革的意见》中提到，提升职业学校关键办学能力，围绕区域重点产业发展，优化专业设置，打造"四个核心"，打造职业教育的核心课程、核心教材、核心实践项目、核心师资团队，及时把新方法、新技术、新工艺引入教育教学领域，不断提高人才培养能力和质量。养猪与猪病防治课程是高职院校畜牧兽医专业的核心课程，实践性强。为了增强学生对养猪与猪病防治理论知识的理解和掌握，提升学生的实践操作技能水平而编写了这本实训指导手册，以提高学生在实践中运用理论知识的能力。

本实训手册围绕猪的养殖和猪病防治2个项目、24个实训任务进行了编写。实训内容紧扣养猪与猪病防治课程技能目标，以能力为本位，以岗位需要为准绳，突出针对性、实用性，切实将培养学生的实践能力放在突出位置。本实训手册适用于高职高专畜牧兽医专业的学生使用，也可作为从业人员自学相关技能的指导手册和养猪企业技术人员的参考用书。在执行实训任务过程中，还应根据养猪业的发展情况，及时调整和更新实训内容，或补充养猪生产上的新成果、新经验、新方法、新技术及新工艺，或根据教学需要选用部分适用的实训内容。

本实训手册由行业人员薛万朝（青海湟源县畜牧兽医工作站）、企业人员黄虎伟（合阳新六农牧科技有限公司）和高职院校教师达富兰（青海农牧科技职业学院）、李双林（青海农牧科技职业学院）、毛玉平（青海农牧科技职业学院）共同参与编写。全书由达富兰统稿，并承蒙王杰副教授在百忙之中抽出时间审稿，在此一并表示感谢！

本实训手册在编写中参考了大量文献，未能一一列出，在此对相关作者表示感谢。限于编者的经验和水平，编写的内容可能出现不妥之处，敬请广大读者和同仁批评指正。

编者
2024年1月

目录 CONTENTS

项目一 猪的养殖 1
- 实训一　猪场的规划设计 2
- 实训二　猪的品种识别 7
- 实训三　猪的繁殖性能测定 15
- 实训四　猪的生长育肥试验 21
- 实训五　猪的屠宰测定 27
- 实训六　猪的体形外貌评定 33
- 实训七　公猪的采精 39
- 实训八　公猪的精液品质检查 45
- 实训九　精液的稀释与分装 51
- 实训十　母猪的发情鉴定 57
- 实训十一　母猪的输精 61
- 实训十二　母猪的妊娠诊断 67
- 实训十三　母猪的接产 73
- 实训十四　仔猪补铁 79
- 实训十五　仔猪的断尾、断齿 83
- 实训十六　公猪的去势 87
- 实训十七　仔猪的断奶 91
- 实训十八　母猪膘情测定 95
- 实训十九　猪场饲料计划的编制 101

项目二 猪病防治 107
- 实训二十　猪场的消毒 108
- 实训二十一　猪的前腔静脉采血 115
- 实训二十二　病猪的尸体剖检及病料的采集送检 121

实训二十三　猪群的免疫程序制定及免疫接种 ……………………… 129

实训二十四　猪常见寄生虫病的实验室诊断 ……………………… 135

参考文献 ……………………………………………………………………141

项目一

猪的养殖

实训一　猪场的规划设计

任务描述

选择猪场场址，并对猪场进行合理的规划设计。

实训目的

（1）掌握猪场场址选择、功能区规划和设计的基本要求。
（2）掌握猪舍类型划分标准及各类型猪舍的优缺点。
（3）了解猪舍基本结构，掌握不同猪舍类型的设计要求。
（4）能够制定猪场的规划设计方案并绘制猪场平面布局图。

实训要求

（1）做好实训前的各项准备工作。
（2）掌握实训的操作步骤和方法。
（3）能够严格按照实训步骤规范、安全地完成实训操作。
（4）认真撰写实训报告。

实训准备

大盘尺、纸、笔、收集的相关图片资料等。

实训筹划

（1）提供图片进行猪场场地查看。
（2）熟悉猪场布局。
（3）能够对生产环境进行合理的划分。
（4）能够绘制平面图，并进行说明。
（5）撰写实训报告。

实训步骤

步骤一　确定猪场的性质和规模

通过调查分析并结合市场和资金情况，明确拟建猪场的性质和规模。规模越大，需要的资金量越大，对技术水平的要求也越高。根据市场的需求情况和技术条件，确定养猪场的种类、生产目标和具体饲养的猪种。育肥猪场比较简单，一般养杂交猪；种猪场要求的技术条件较高，养殖的猪种比较复杂。

步骤二　选择场址

根据已确定的猪场规模、猪场性质及当地其他条件，考虑猪场场址和面积的大小。选择场址时要充分考虑当前规模和发展需要、地形地势、周边环境，以及水、电、路等条件，考虑周围环境的污染、污水处理和排放等情况。

（1）地形地势。一般要求地形整齐、地势开阔；要求高燥、南向、平坦或有缓坡。如是缓坡，则坡度不得大于 25°，以减少基建投入。

（2）交通便利。交通便利对猪场极为重要。

（3）利于防疫。因猪场的防疫需要和对周围环境的污染，故规模猪场应建在距离城区、居民点、交通干线较远的地方，一般要求距离交通要道和居民点 1 km 以上，距离动物隔离场所、无害化处理场所 3 km 以上，与其他猪场至少 1.5 km 的距离，以防外界病原传入场区。

（4）场地要有水源和电源。猪场需要用水用电，故必须有安全的水源和稳定的电源。

（5）场地面积。既要有足够的场地面积，也要为未来留有发展的空间。

步骤三　拟订设计规划方案

在选址的基础上拟订设计规划方案，设计时要考虑猪场的科学性、实用性和经济性。

步骤四　做猪场建设预算

根据当地建筑市场价格情况做猪场建设预算。猪场建设投资的估算包括猪舍建筑投资估算、饲料加工设备投资估算、饲养设施设备投资估算、车辆投资估算、粪污处理投资估算等。

步骤五　确定饲养工艺和猪场的主要生产技术指标

根据生产目标、猪场性质、养猪种类等确定猪场的饲养工艺，拟定猪场的主要生产技术指标。主要生产技术指标包括猪舍容纳量、猪舍利用率、猪的品种、饲养周期、产仔率、仔猪成活率、断奶仔猪体重、出栏率、年出栏肥猪数、饲料利用率等。

步骤六 制订猪场规划设计方案并绘制猪场平面设计规划图

在确定猪场总体布局时,猪场内所有建筑物须按性质相同、功能相同、联系密切、有利防疫、对环境要求一致的原则分为不同功能区域,总体布局上至少应包括生活区、生产管理区、饲养生产区、隔离区。

1. 生活区

生活区与外界往来密切,主要包括办公室、职工宿舍、食堂、汽车库、门卫等。考虑到职工的工作和生活环境不受到恶臭和粉尘的污染,故设在生产区的上风向,距离 300 m 以上。

2. 生产管理区

生产管理区包括猪场生产管理必需的附属建筑物,如饲料加工车间(或小型饲料加工间)、饲料仓库、修理车间、变电房、锅炉房、水泵房、水塔、淋浴消毒间等。

3. 饲养生产区

饲养生产区是猪场的主要建筑区,一般建筑面积占全场总建筑面积的 70%~80%,包括各类猪群的猪舍、饲料准备库、人工授精室等生产设施。各种猪舍要严格按照饲养工艺流程安排,如种猪舍位于上风向,育肥舍是养猪场生产的最后一个环节,设在猪场的一端,在靠近围墙处设置装猪台,禁止任何外来车辆进入猪场。人员进入生产区前必须淋浴、消毒、更衣,因此消毒、更衣、淋浴间须设在生产区大门的一侧。饲料加工车间要靠近生产区,并在外侧墙上设置卸料窗口,这样场外运料车辆无须进入饲养生产区。

4. 隔离区

隔离区包括新购入猪的隔离饲养观察室、兽医室、隔离猪舍、尸体剖检、处理设施、积肥场及储存设施等。该区应设置在整个猪场的下风或偏风方向及地势较低处,以避免疫病传播和环境污染。

注意事项

(1)建场前要考虑好育肥猪或种猪、仔猪的销售渠道。

(2)猪场占地面积、使用面积及预留地等须充足,应结合实际预定养猪生产的指标设计工艺流程。

(3)排污通畅,注意环境保护。

(4)资金充足,饲料原料有保障。

(5)猪舍建筑应注意圈舍朝向,配套设施须齐全。

步骤七 撰写实训报告

猪场的规划设计实训报告

姓名：_____ 班级：_____ 学号：_____ 专业：_____

实训评价

实训评价表

评价项目	分值	扣分依据	自评分值	小组评分	教师评分	熟悉程度
设计目的	10	描述错误 1 处扣 2 分				基本 / 熟练掌握
地形地势	5	选择错误 1 处扣 2 分				基本 / 熟练掌握
交通便利	5	选择错误 1 处扣 2 分				基本 / 熟练掌握
防疫	5	选择错误 1 处扣 2 分				基本 / 熟练掌握
水源和电源	5	选择错误 1 处扣 2 分				基本 / 熟练掌握
场地面积	5	操作错误 1 处扣 2 分				基本 / 熟练掌握
面积规划	5	操作错误 1 处扣 2 分				基本 / 熟练掌握
确定规模	5	操作错误 1 处扣 2 分				基本 / 熟练掌握
排污、环保	5	操作错误 1 处扣 2 分				基本 / 熟练掌握
总体布局	15	操作错误 1 处扣 2 分				基本 / 熟练掌握
注意事项	5	操作错误 1 处扣 2 分				基本 / 熟练掌握
绘制平面图	5	绘制错误 1 处扣 2 分				基本 / 熟练掌握
正确选用工具	5	操作错误 1 处扣 2 分				基本 / 熟练掌握
团队合作	5	操作错误 1 处扣 2 分				分工明确
规范程度	15	操作不规范、混乱各扣 5 分				基本 / 熟练掌握
合计	100					

教师总体评价	

猪的品种识别　实训二

任务描述

识别图片资料，对猪种进行分类。

实训目的

（1）了解猪种的经济类型。
（2）熟悉主要地方品种的体形外貌特征及典型代表。
（3）熟悉主要引入品种的体形外貌特征及生产性能。
（4）熟悉常见培育品种的体形外貌特征及生产性能。
（5）会对各个品种进行识别和分类。

实训要求

（1）做好实训前的各项准备工作。
（2）掌握实训的操作步骤和方法。
（3）能够严格按照实训步骤规范、安全地完成实训操作。
（4）收集品种图片，扩大知识面。
（5）认真撰写实训报告。

实训准备

不同品种图片、挂图、视频、模型等。

实训筹划

（1）查阅资料，收集不同品种猪的图片。
（2）熟悉猪的品种分类方法。
（3）了解国内外主要猪品种的体形外貌特征及生产性能。
（4）进行猪品种的识别分类，并做好记录。
（5）撰写实训报告。

实训步骤

步骤一　描述体形外貌特征

查阅资料,根据图片或实地参观猪场,对猪品种的体形外貌特征进行详细描述。

步骤二　判断猪的经济类型

根据猪的体形外貌特征和资料,判断猪的经济类型。

1. 瘦肉型猪

其外形特征表现为背稍呈弓形,背宽、腰窄而体长,体长大于胸围 15～20 cm,四肢较高,腿臀丰满,肌肉发达。瘦肉型猪生长快,饲料报酬高,一般 6 月龄的体重可达 90～100 kg,料重比 3∶1 左右,胴体瘦肉率 55%～65% 或以上。

2. 脂肪型猪

其外形特征表现为体躯深、宽,全身肥胖,皮肤细致疏松,四肢较短,头颈较粗重,体长与胸围大致相等或相差 2～3 cm。猪体脂肪含量较高,背膘厚 5～7 cm,胴体瘦肉率一般在 45% 以下。

3. 兼用型猪

其体形、外貌特点介于上述两者之间,瘦肉和脂肪的生产能力都较强。猪的体格较大,体躯长短适中,结构匀称,体质结实,体长比胸围大 5 cm 以上。

引进的长白猪、大约克夏猪、杜洛克猪、汉普夏猪,以及我国培育的三江白猪等都属于瘦肉型。地方品种中的陆川猪、宁乡猪、内江猪等都属于脂肪型。我国大多数地方猪种、苏联大白猪都属于兼用型。

步骤三　了解国内品种猪的基本情况

1. 华北型

(1)产地分布。地理分布最广,主要在淮河、秦岭以北广大地区,包括东北三省、内蒙古、山西、河北、山东、新疆、宁夏、河南、甘肃大部分地区,陕西、江苏、安徽、湖北四省北部,青海东部、四川广元附近地区。

(2)体形外貌。毛色多为黑色,偶在末端出现白斑;体形高大;头较平直,嘴筒较长,耳大下垂,额间多纵行皱纹;背腰狭窄,四肢粗壮,骨骼发达;皮厚多皱褶,被毛粗密,鬃毛发达,长者达 10 cm,冬季密生绒毛;乳头 8 对左右,经产母猪每胎平均产仔 12 头。

(3)猪种特点。抗寒力强,耐粗饲,繁殖力极强,性成熟早,3～4 月龄出现发情,产仔数高,母性强,泌乳性能好,仔猪育成率较高,但生长缓慢,屠宰率较低,瘦肉较多,肉质好。

(4)主要猪种。民猪、八眉猪、黄淮海黑猪、汉江黑猪、沂蒙黑猪。

2. 华南型

（1）产地分布。主要在云南省西南部和南部边缘，广西和广东偏南大部分地区，以及福建东南部和台湾地区。

（2）体形外貌。毛色多为黑白花；体形偏小、丰满；头、臀部多为黑色，腹部多为白色；头较短小，额间多横行皱纹，耳小直立或向两侧平伸；背腰宽阔下陷，腹大下垂，皮薄毛稀，性成熟早；乳头5～7对，经产母猪每胎平均产仔7头。

（3）猪种特点。早熟易肥，3～4月龄开始发情，产仔数较少，瘦肉少，脂肪多，屠宰率高，肉质细致。

（4）主要猪种。两广小花猪、粤东黑猪、海南猪、滇南小耳猪、蓝塘猪、香猪、隆林猪、槐猪、五指山猪等。

3. 华中型

（1）产地分布。主要在长江和珠江之间的广大地区，包括江西、湖南全区，湖北、浙江南部，以及福建、广东、广西北部地区。其分布地区的南部边缘与华南地区北部相接，北部与华北南部交错，边缘相互交错地区的猪种间存在互交情况。

（2）体形外貌。体形较华南型大，呈圆桶形，骨骼细致，体质较疏松；毛色以黑白花为主，头尾多为黑色，体躯中部有大小不等的黑斑，个别有全黑者；头较小，耳大下垂，额间多菱形皱纹；背腰宽阔下陷，腹大下垂，四肢较短；乳头6～8对，经产母猪每胎平均产仔10～13头。

（3）猪种特点。生产性能介于华南型与华北型之间，成熟较早，4月龄开始发情，屠宰率较高，生长较快，肉质细嫩。

（4）主要猪种。宁乡猪、湘西黑猪、大围子猪、华中两头乌猪、大花白猪、金华猪、龙游乌猪、闽北花猪、嵊县花猪、乐平猪、杭猪、赣中南花猪、玉江猪、武夷黑猪、清平猪、南阳黑猪、皖浙花猪、莆田猪、福州黑猪。

4. 江海型

（1）产地分布。主要在汉水和长江中下游沿岸及东南沿海平原地区，秦岭和大巴山之间汉中盆地。

（2）体形外貌。毛黑色或有少量白斑，个别猪种为全白色；骨骼粗壮，较华北型猪种细致；头大小适中，额较宽，额间皱纹深且多呈菱形，耳大下垂；背腰较宽，平直或稍下陷，腹大，皮厚多皱褶；乳头多为8对以上，经产母猪每胎平均产仔13头。

（3）猪种特点。以繁殖力极高著称，3～4月龄开始发情，每胎平均产仔高达15头，性成熟较早，屠宰率较高，瘦肉少，脂肪多。

（4）主要猪种。太湖猪、姜曲海猪、东串猪、虹桥猪、圩猪、阳新猪、台湾猪。

5. 西南型

（1）产地分布。主要在云贵高原和四川盆地大部分地区，以及湘鄂西部、湖北西南、湖南西北、四川东部、重庆市、贵州省西北部及云南大部分地区。

（2）体形外貌。毛色多为全黑或黑白花（"六白"或不完全"六白"等），也有少量红毛猪；体形较大；头大，颈粗短，四肢粗短，额部多有旋毛或横行皱纹；背腰较宽稍下陷，腹大略下垂，皮厚多皱褶；乳头多为6对以上，经产母猪每胎平均产仔

8头。

(3)猪种特点。早熟,繁殖力较低,屠宰率较低,瘦肉少,脂肪较多。

(4)主要猪种。荣昌猪、内江猪、成华猪、雅南猪、湖川山地猪、乌金猪、关岭猪。

6. 高原型

(1)产地分布。主要在青藏高原地区、甘肃、四川、云南高海拔小范围地区。

(2)体形外貌。被毛多为全黑色,少数为黑白花和红毛;体形小而紧凑;头狭长,嘴筒直尖,呈锥形,犬齿发达,耳小竖立;体形狭窄,背微弓,臀窄而倾斜,腹紧,四肢坚实,细短有力,蹄小结实,形似野猪;性成熟较晚,经产母猪每胎平均产仔5～6头。

(3)猪种特点。属小型晚熟猪种,放牧性能较好,抗逆性强,生长缓慢,胴体瘦肉多,背毛粗长,绒毛密生,适应高寒气候。

(4)主要猪种:藏猪。

步骤四 了解国外引入猪种的基本情况

1. 长白猪

原名兰德瑞斯猪,原产丹麦,是世界上分布最广的瘦肉型品种。

(1)体形外貌。全身被毛白色(允许有少量黑斑);头狭长,耳大前倾;背腰平直不松弛;体躯长,前躯窄后躯宽,呈流线型;大腿丰满,蹄质坚实。

(2)繁殖性能。6月龄出现性行为,9～10月龄体重达130～140 kg时开始配种,初产仔9～10头,经产仔10～11头。

(3)生长肥育性能。育肥期生长速度快,屠宰率高,胴体瘦肉率高;在良好饲养条件下,6月龄体重可达100 kg,日增重800 g左右,料肉比2.7∶1左右,胴体瘦肉率65%左右。

2. 大约克夏猪

又名大白猪,原产英国,是大型瘦肉猪。

(1)体形外貌。被毛白色(允许少量黑斑);体格大,体形匀称,耳直立,四肢较高,后躯丰满,体形呈长方形。

(2)繁殖性能。母猪初情期在6月龄左右,繁殖力强,初产仔10头,经产仔12头。

(3)生长肥育性能。育肥期生长速度快,屠宰率高,背膘薄,胴体瘦肉率高;在良好饲养条件下,6月龄体重可达100 kg,日增重800 g左右,料肉比2.6∶1左右,胴体瘦肉率65%左右。

3. 杜洛克猪

原产美国,体质健壮,抗逆性强,肉质良好。

(1)体形外貌。被毛金黄色或棕红色;头小轻秀,嘴短直,耳中等大,略前倾,耳尖稍下垂;背腰平直或稍弓,体躯宽厚,肌肉丰满,后躯发达,四肢粗壮、结实,蹄呈黑色多直立。

(2)繁殖性能。母猪6～7月龄开始发情,繁殖力稍低,初产仔9头,经产仔

10头。

（3）生长育肥性能。前期生长慢，后期快，育肥期日增重700 g左右，180天达90 kg，料肉比3.0∶1左右，胴体瘦肉率64%左右。

4．汉普夏猪

原产于美国，胴体瘦肉率高，肉质好，生长发育快，繁殖性能好，适应性强。

（1）体形外貌。毛黑色，肩颈结合处有一条白带；头中等大，嘴较长，耳直立中等大；体躯较长，背略弓，体质强健，肌肉发达。

（2）繁殖性能。母性好，哺育率高，性成熟晚，6～7月龄开始发情，初产仔7～8头，经产仔8～9头。

（3）生长肥育性能。在良好的饲养条件下，6月龄体重可达90 kg，日增重600～650 g，饲料利用率3.0左右，90 kg体重屠宰率为71%～75%，胴体瘦肉率为60%～62%，母猪6～7月龄开始发情，经产仔8～9头。

步骤五　了解常见培育品种猪的基本情况

1．三江白猪

产于黑龙江省三江平原地区，是我国第一个瘦肉型品种。

（1）体形外貌。体格较大，体躯较长，背腰平直，腹部紧凑，四肢较高；头轻嘴直，两耳向前下方伸展；被毛全白，体形近似长白，具有瘦肉型猪的典型体躯结构。

（2）杂交利用。三江白猪与杜洛克猪、汉普夏猪杂交效果明显。

2．湖北白猪

产于湖北省武汉市，属瘦肉型品种。

（1）体形外貌。体格较大，中躯较长，背腰平直，腹部紧凑，腿臀较好；被毛全白，四肢较高，两耳前伸或略下垂，体质结实，结构匀称。

（2）杂交利用。以湖北白猪为母本，与杜洛克猪、汉普夏猪杂交效果明显。

3．哈尔滨白猪

产于黑龙江省南部和中部地区，属兼用型品种，是我国育成的第一个肉脂兼用型品种。

（1）体形外貌。体格中等大小，体躯中等长，背腰平直，后躯较丰满，腹部稍大但不下垂；被毛白色，四肢稍高，两耳向斜上方直立。

（2）杂交利用。用哈尔滨白猪作母本与杜洛克猪、长白猪、大约克夏猪进行杂交，具有较好的效果。

4．北京黑猪

产于北京市市郊，属兼用型品种。

（1）体形外貌。体格较大，体躯中等长，背腰宽平，腿臀较丰满，四肢健壮，体质结实；被毛全黑，头部轻秀，两耳向前上方直立或平伸。

（2）杂交利用。用北京黑猪作母本，与长白猪、大约克夏猪、杜洛克猪杂交效果明显。

注意事项

做品种识别时要熟悉掌握常见猪品种的典型外貌特征、突出的生产性能和杂交利用情况。

步骤六　撰写实训报告

猪的品种识别实训报告

姓名：_____　班级：_____　学号：_____　专业：_____

实训评价

实训评价表

评价项目	分值	扣分依据	自评分值	小组评分	教师评分	熟悉程度
分类	15	分类错误1处扣2分				基本/熟练掌握
华北型	5	识别错误1处扣2分				基本/熟练掌握
华南型	5	识别错误1处扣2分				基本/熟练掌握
华中型	5	识别错误1处扣2分				基本/熟练掌握
江海型	5	识别错误1处扣2分				基本/熟练掌握
西南型	5	识别错误1处扣2分				基本/熟练掌握
高原型	5	识别错误1处扣2分				基本/熟练掌握
长白猪	5	识别错误1处扣2分				基本/熟练掌握
大约克夏猪	5	识别错误1处扣2分				基本/熟练掌握
杜洛克猪	5	识别错误1处扣2分				基本/熟练掌握
汉普夏猪	5	识别错误1处扣2分				基本/熟练掌握
三江白猪	5	识别错误1处扣2分				基本/熟练掌握
湖北白猪	5	识别错误1处扣2分				基本/熟练掌握
哈尔滨白猪	5	识别错误1处扣2分				基本/熟练掌握
北京黑猪	5	识别错误1处扣2分				基本/熟练掌握
规范程度	15	分类不规范、混乱各扣5分				基本/熟练掌握
合计						
教师总体评价						

猪的繁殖性能测定　实训三

任务描述

根据生产记录资料，进行统计分析。

实训目的

（1）掌握测定繁殖性状的内容。
（2）熟悉猪繁殖性能测定的方法。
（3）能够收集和整理猪场生产资料。
（4）能够对猪的繁殖性能进行计算。

实训要求

（1）做好实训前的各项准备工作。
（2）掌握实训的操作步骤和方法。
（3）能够严格按照实训步骤规范、安全地完成实训操作。
（4）收集生产记录数据，扩大知识面。
（5）认真撰写实训报告。

实训准备

猪场历年生产记录资料、计算机、电子秤等。

实训筹划

（1）收集生产记录资料。
（2）熟悉猪繁殖性能测定的内容。
（3）熟悉猪繁殖性能测定的方法。
（4）能够计算猪的繁殖性能，并做好记录。
（5）撰写实训报告。

实训步骤

步骤一 统计分析生产记录资料

1. 平均产仔数

平均产仔数是指某年度（或一定时期）内猪场出生仔猪总数除以周期分娩的母猪窝数。其计算公式为：

$$\text{平均产仔数（头/窝）} = \frac{\text{年度（或一定时期）产仔总数}}{\text{同期分娩母猪窝数}}$$

2. 平均产活仔数

平均产活仔数是指某年度（或一定时期）内猪场出生活仔猪总数除以周期分娩的母猪窝数。其计算公式为：

$$\text{平均产活仔数（头/窝）} = \frac{\text{年度（或一定时期）产活仔总数}}{\text{同期分娩母猪窝数}}$$

3. 平均初生重

平均初生重是指某年度（或一定时期）内出生活仔猪总重除以周期产活仔总头数。其计算公式为：

$$\text{平均初生重（kg/头）} = \frac{\text{年度（或一定时期）内出生活仔猪总重}}{\text{同期产活仔总头数}}$$

4. 平均初生窝重

平均初生窝重是指某年度（或一定时期）内初生窝重总和除以同期分娩总窝数。其计算公式为：

$$\text{平均初生窝重（kg/窝）} = \frac{\text{年度（或一定时期）内初生窝重总和}}{\text{同期分娩总窝数}}$$

5. 泌乳力

以仔猪20日龄时全窝重为代表，包括寄入的仔猪在内，但不包括寄出的仔猪。

6. 断奶窝重

同窝仔猪断奶时的个体重总和即断奶窝重，寄养仔猪的统计与泌乳力一样，应注明断奶日龄，同一场中的断奶日龄应力求一致。

7. 断奶仔猪数

断奶时同窝仔猪的头数，包括寄入的仔猪在内，并注明寄养头数。

8. 哺育率

哺育率即断奶时育成仔猪数占哺乳仔猪数的比例，又称断奶仔猪育成率。其计算公式为：

$$\text{哺育率（\%）} = \frac{\text{育成仔猪数}}{\text{产活仔数}+\text{寄入仔猪}-\text{寄出仔猪}} \times 100$$

9. 情期受胎率

在单位时间内,受胎母猪数(包括中途流产的母猪在内)占情期配种母猪数的比例,计算时在同一发情期内复配几次都只算一次。其计算公式为:

$$情期受胎率(\%) = \frac{受胎母猪数}{情期配种母猪数} \times 100$$

10. 年产胎次

年分娩窝数(包括产全部死胎在内)除以同期能繁母猪存栏数。能繁母猪存栏数一般以每月末能繁母猪存栏数的平均数表示。其计算公式为:

$$年产胎次 = \frac{年分娩窝数}{周期能繁母猪存栏数}$$

11. 母猪平均年哺育仔数

年育成断奶仔猪总数除以同期能繁母猪存栏数。其计算公式为:

$$母猪平均年哺育仔数 = \frac{年育成断奶仔猪总数}{同期能繁母猪存栏数}$$

步骤二 现场测定繁殖性状

在猪场进行繁殖性状的测定。

注 意 事 项

(1)按照NY/T820-2004《中华人民共和国农业行业标准 种猪登记技术规范》的规定,繁殖性状包括总产仔数、产活仔数、初生重、初产日龄、21日龄窝重、产仔间隔、哺育率和育成仔猪数等。

(2)按照《全国生猪遗传改良计划(2009—2020)》的规定,种猪性能测定和评估的主要性状包括总产仔数等,辅助性状包括21日龄窝重、出生窝重、利用年限和产仔间隔等。

(3)繁殖性状的测定须认真、翔实地记录。

步骤三 撰写实训报告

猪的繁殖性能测定实训报告

姓名：_____ 班级：_____ 学号：_____ 专业：_____

实训评价

实训评价表

评价项目	分值	扣分依据	自评分值	小组评分	教师评分	熟悉程度
资料收集	10	操作错误1处扣2分				基本/熟练掌握
平均产仔数	5	计算错误1处扣2分				基本/熟练掌握
平均产活仔数	5	计算错误1处扣2分				基本/熟练掌握
平均初生重	5	计算错误1处扣2分				基本/熟练掌握
平均初生窝重	5	计算错误1处扣2分				基本/熟练掌握
泌乳力	5	计算错误1处扣2分				基本/熟练掌握
断奶窝重	5	计算错误1处扣2分				基本/熟练掌握
断奶仔猪数	5	计算错误1处扣2分				基本/熟练掌握
断奶仔猪育成率	10	计算错误1处扣2分				基本/熟练掌握
情期受胎率	10	计算错误1处扣2分				基本/熟练掌握
年产胎次	5	计算错误1处扣2分				基本/熟练掌握
年哺育仔数	5	计算错误1处扣2分				基本/熟练掌握
现场测定	10	计算错误1处扣2分				基本/熟练掌握
规范程度	15	计算不规范、混乱各扣5分				基本/熟练掌握
合计	100					

教师总体评价

猪的生长育肥试验　实训四

📖 任务描述

制订育肥试验方案,进行生长育肥试验,测定猪的生长性能。

实训目的

(1)学会制订生长育肥方案。
(2)学会制定猪的生长育肥性能,并能对测定的数据进行分析,评定猪的育肥性能。

实训要求

(1)做好实训前的各项准备工作。
(2)掌握实训的操作步骤和方法。
(3)能够严格按照实训步骤规范、安全地完成实训操作。
(4)收集生产记录数据,扩大知识面。
(5)认真撰写实训报告。

实训准备

试验猪群、饲料、磅秤、电子秤等。

实训筹划

(1)明确生长育肥试验测定的内容。
(2)熟悉生长性能的测定方法。
(3)制订试验方案。
(4)进行计算,并做好记录。
(5)撰写实训报告。

实训步骤

步骤一　明确生长育肥测定的内容

1. 达到目标体重日龄

达到目标体重日龄是衡量猪生长育肥性能较为准确的一项指标，目标体重一般指标准的屠宰体重。全国畜牧兽医总站于2000年颁布的《全国种猪遗传评估方案（成行）》建议国外品种为100 kg。

2. 平均日增重

猪在测定期内的平均日增重用"克"表示，测定时的开始体重与结束体重应根据测定猪的品种、测定目的的不同而不同：对国外猪种通常从体重30 kg开始，至体重100 kg结束；对地方猪种通常从体重20 kg开始，至体重75 kg或90 kg结束。

3. 目标体重背膘厚

目标体重背膘厚，即测定猪达到目标体重的背膘厚。

4. 饲料利用率

饲料利用率主要是指测定期内每单位增重所消耗的饲料量，没有单位，是个比值。

5. 采食量

猪的采食量是度量其食欲的性状。

步骤二　制订试验方案

1. 试验条件与要求

（1）品种要求。性能测定品种为国家级、省级或其他重点种猪场饲养的引进品种、培育品种、地方品种，每个品种应有5个以上公猪血统和80头以上的本品种基础母猪群。

（2）试验猪个体。品种特征明显，血缘清楚，有个体识别标记和完整的档案记录，2代以上系谱清晰可查；有出生日期、初生重、断奶日龄和断奶重等完整的数据。个体发育正常，8～9周龄体重约20 kg，同窝无遗传缺陷，肢蹄结实，每侧有效乳头不少于6个。来源于窝产仔数达到该品种标准规定合格以上。同一批试验猪的出生日期应尽量接近，先后相差不超过10 d。

（3）试验组与头数的要求。采用公猪性能测定方案的，要求测定来源于5个以上公猪血统的后代，从每头公猪所配母猪中随机抽取3窝，每窝选1头公猪，共15头；采用公猪性能与同胞性能相结合测定方案的，在以上基础上每窝增选1头去势公猪和1头小母猪，即每个测定组3头，共计45头。

（4）试验猪健康要求。猪场近2年之内没有发生重大传染病；试验之前进行了免疫注射；试验猪入试前1周完成驱虫和公猪去势。

2. 试验前的隔离观察与预饲

试验猪在试验前应进行2周左右预试，在此期间，饲喂试验前期料以适应试验的饲养管理与环境条件，同时观察猪群的健康状况。若有发病猪，原则上应被淘汰。

3. 试验方法

（1）试验始末要求。隔离预饲2周左右，体重达到25～30 kg时开始正式试验，当体重达到90～100 kg时结束试验。初始体重和结束体重均应是连续2 d早晨空腹称重，取其平均值。

（2）测定性状。

①生长育肥性状自25～30 kg到90～100 kg体重阶段的平均日增重和日龄。

②饲料利用率自25～30 kg到90～100 kg体重阶段的料重比。

③目标体重达到90～100 kg时的活体背膘厚。

步骤三　试验结果的统计分析

对试验的数据用统计分析软件进行分析，评定猪的肥育性能。

注意事项

（1）试验猪要满足试验的条件和要求。

（2）试验猪应在一栋猪舍内，由同一个饲养员完成试验的饲养管理。

（3）要根据不同品种、不同生长阶段的营养需要，确定相应的营养水平和饲料配方。

（4）试验猪自由采食、自由饮水，并保持环境安静。

（5）试验过程中须做好试验记录。

步骤四 撰写实训报告

猪的生长育肥试验实训报告

姓名：_____ 班级：_____ 学号：_____ 专业：_____

实训评价

实训评价表

评价项目	分值	扣分依据	自评分值	小组评分	教师评分	熟悉程度
测定的内容	15	表述错误1处扣2分				基本/熟练掌握
达到目标体重日龄	5	计算错误1处扣2分				基本/熟练掌握
平均日增重	5	计算错误1处扣2分				基本/熟练掌握
目标体重背膘厚	5	计算错误1处扣2分				基本/熟练掌握
饲料利用率	5	计算错误1处扣2分				基本/熟练掌握
采食量	5	计算错误1处扣2分				基本/熟练掌握
试验条件与要求	5	选择错误1处扣2分				基本/熟练掌握
试验前隔离观察与预饲	5	预饲错误1处扣2分				基本/熟练掌握
试验方法	5	计算错误1处扣2分				基本/熟练掌握
试验猪的饲养管理	5	饲养规范错误1处扣2分				基本/熟练掌握
试验环节的设计	5	细节错误1处扣2分				基本/熟练掌握
试验的实施	5	实施错误1处扣2分				基本/熟练掌握
试验的监控	5	过程错误1处扣2分				基本/熟练掌握
试验数据的处理	5	收集错误1处扣2分				基本/熟练掌握
结果分析	5	计算错误1处扣2分				基本/熟练掌握
规范程度	15	设计不规范、混乱各扣5分				基本/熟练掌握
合计	100					
教师总体评价						

猪的屠宰测定　实训五

任务描述

屠宰生猪，并给屠宰后的猪胴体进行品质测定。

实训目的

（1）了解屠宰生猪的程序。
（2）熟悉猪屠宰测定的内容。
（3）掌握猪屠宰测定的方法。
（4）能够进行猪的屠宰测定，并能够评定猪胴体的品质。

实训要求

（1）熟练掌握生猪屠宰的相关基础知识。
（2）做好实训前的各项准备工作。
（3）会使用测量的工具。
（4）掌握实训的操作步骤和方法。
（5）能够严格按照实训步骤规范、安全地完成实训操作。
（6）认真撰写实训报告。

实训准备

待屠宰的猪若干头、刀若干、记录表、硫酸纸、电子秤、游标卡尺、求积仪、钢卷尺、皮尺等。

实训筹划

（1）复习猪胴体性状测定的相关知识，熟悉猪屠宰的程序和猪胴体组成测定的相关指标和方法。
（2）做好猪屠宰的准备工作。
（3）屠宰待测定的猪。
（4）进行猪胴体的组成测定，并做好记录。
（5）撰写实训报告。

实训步骤

步骤一 屠宰

1. 称重

待测定猪达到规定体重后,停食不停水,24 h后空腹称重。

2. 放血、去毛

放血的进刀部位是在猪颈后第一肋骨水平线下方,稍偏向颈中线右侧;猪一般经电麻后仰卧,刀由上前方向后下方刺入,割断颈动脉放血;血放净后,将宰体在60~68 ℃的热水中烫3~8 min,然后煺毛(煺毛后不吹气)。

3. 切除头、蹄、尾

头从耳根后缘枕寰关节及下颌上第一条自然横褶处切开至喉部,切断喉与气管,将喉留于头部,然后切断枕寰关节,割下猪头;前蹄从腕关节处切开,后蹄从跗关节处切下;尾从紧贴肛门处切下。

4. 开膛

用刀自肛门起沿腹下中线至咽喉左右平分剖开体腔,除去全部内脏(保留肾和板油)。

5. 劈半

用刀沿脊柱(背中线)先划开背部的皮和脂肪,然后沿脊椎骨(中线)砍成左右对称的两半,尽量保存左侧半片的完整性,以便进行胴体测定。

步骤二 测定猪胴体组成

1. 胴体重

经放血、脱毛,去除头、蹄和尾及内脏,保留板油和肾后的胴体重量。

2. 屠宰率

胴体重量占宰前体重的百分比。

$$屠宰率(\%) = \frac{胴体重}{宰前重} \times 100$$

3. 背膘厚

猪胴体在肩部皮下脂肪最厚处、胸腰椎结合处和腰荐结合处3个部位分别测定3点膘厚(不含皮厚),并求平均值(平均膘厚),或只在第六至第七肋间测定膘厚(1点膘厚),用游标卡尺进行测量。

4. 皮厚

用游标卡尺在第六至第七肋间测定皮厚,用游标卡尺测量。

5. 胴体直长

猪胴体在倒挂状态下测量从耻骨联合前缘中点至第一颈椎前缘中点的长度。

6. 眼肌面积

猪胴体胸腰结合处背最长肌横截面的面积。既可用眼肌面积测定仪测定，也可用公式计算，还可用硫酸纸描绘眼肌四周边缘界线，复写于绘图方格纸上，数格计算出眼肌面积。

$$眼肌面积 = 眼肌高度(cm) \times 眼肌厚度(cm) \times 0.7$$

7. 胴体瘦肉率

沿背、腹中线，将猪胴体对称剖成左、右两片。将左侧胴体去板油和肾，分离成瘦肉（含肌内和肌间脂肪）、脂肪（含皮脂）、皮和骨4类，其中瘦肉重占瘦肉、脂肪、皮和骨4部分总重的百分比为胴体瘦肉率。与之相对应的还有脂肪率、皮率和骨率。

$$胴体瘦肉率(\%) = \frac{瘦肉重}{瘦肉重+脂肪重+骨重+皮重} \times 100$$

$$胴体脂肪率(\%) = \frac{脂肪重}{瘦肉重+脂肪重+骨重+皮重} \times 100$$

8. 腿臀比例

沿腰椎与荐椎结合处垂直线切下的猪腿臀重量占胴体重量的比例。

$$腿臀比例 = \frac{腿臀重}{胴体重}$$

注意事项

（1）反应膘厚指标时应说明测定部位。

（2）测定背膘厚时不含皮厚。

（3）测定胴体瘦肉率时，分离时肌间脂肪算作瘦肉不另剔出，皮肌算作肥肉亦不另剔出。

步骤三 撰写实训报告

猪的屠宰测定实训报告

姓名：_____ 班级：_____ 学号：_____ 专业：_____

实训评价

实训评价表

评价项目	分值	扣分依据	自评分值	小组评分	教师评分	熟悉程度
称重	5	测定操作错误1处扣2分				基本/熟练掌握
放血、去毛	10	测定操作错误1处扣2分				基本/熟练掌握
去头、蹄、尾	10	测定操作错误1处扣2分				基本/熟练掌握
开膛	10	测定操作错误1处扣2分				基本/熟练掌握
劈半	10	测定操作错误1处扣2分				基本/熟练掌握
胴体重	5	测定操作错误1处扣2分				基本/熟练掌握
屠宰率	5	测定操作错误1处扣2分				基本/熟练掌握
背膘厚	5	测定操作错误1处扣2分				基本/熟练掌握
皮厚	5	测定操作错误1处扣2分				基本/熟练掌握
胴体直长	5	测定操作错误1处扣2分				基本/熟练掌握
眼肌面积	10	测定操作错误1处扣2分				基本/熟练掌握
胴体瘦肉率	5	测定操作错误1处扣2分				基本/熟练掌握
腿臀比例	5	测定操作错误1处扣2分				基本/熟练掌握
规范程度	10	操作不规范、混乱各扣5分				基本/熟练掌握
合计	100					
教师总体评价						

猪的体形外貌评定　实训六

任务描述

保定猪后，给猪进行外貌评定。

实训目的

（1）能够指出猪体表各部位的名称。
（2）会进行猪体尺测量。
（3）会进行猪的外貌评定。

实训要求

（1）做好实训前的各项准备工作。
（2）掌握实训的操作步骤和方法。
（3）能够严格按照实训步骤规范、安全地完成实训操作。
（4）认真撰写实训报告。

实训准备

待测猪若干头、测杖（或活动标尺）、卷尺、圆形测定器若干、猪品种外貌鉴定的标准、猪外貌鉴定评分表等。

实训筹划

（1）复习解剖生理关于猪骨骼的基本知识。
（2）熟练指出猪体表各部位的名称。
（3）会使用测量工具。
（4）撰写实训报告。

实训步骤

步骤一 体尺测量

测量时先校正测量工具,然后选择平坦、干净的场地,适当保定种猪。

(1)体重。早饲前空腹称重,单位用kg表示。

(2)体长。从两耳根连线的中点,沿背线至尾根的长度,单位cm,用皮尺量取。

(3)体高。从鬐甲最高点至地面的垂直距离,单位cm,用测杖量取。

(4)胸围。沿肩胛后角绕胸一周的周径,单位cm,用皮尺量取。

(5)腿臀围。从左侧膝关节前缘,经肛门绕至右侧膝关节前缘的距离,单位cm,用皮尺量取。

步骤二 外貌评定

猪的外貌评定步骤是从整体概观到局部细查。

1. 评定猪的整体

先将猪赶到一个宽敞、干净和光线良好的场地上,使其自然站立,评定人与被选猪保持一定距离,一般为距离猪体长3倍远的地方,对猪的整体结构、健康状态、生殖器官、品种特征等进行肉眼评定。

(1)体质结实,结构匀称,各部位结合良好。头部清秀,毛色、耳型符合品种要求,眼有神,反应灵敏,具有本品种的典型特征。

(2)体躯长,背腰平直或呈弓形,肋骨拱圆,腹部容积大而充实,腹底平直,大腿丰满,臀部发育良好,尾根附着要高。

(3)四肢端正结实,走路时步态稳健轻快。

(4)被毛稀短有光泽,皮薄富有弹性。睾丸和阴户发育良好,乳头在6对以上,无小、瞎、内陷乳头等。

2. 评定关键部位

(1)头。头是品种特征的重要反映,要清秀,重量轻,不能太小,太小的个体往往神经质;额宽、平;嘴与前额平直、微凹,上下腭吻合良好,光滑整洁,口角无肥腮,鼻孔要开阔;耳要薄,大小要符合品种的要求;眼有神,两眼之间的距离要宽。

(2)颈。头颈结合要结实,与整体协调,颈部长度要适中,与肩部结合要好。公猪头颈粗壮短厚,雄性特征明显;母猪头颈轻小,母性象征明显。

(3)前躯。肩胛部宽广,与颈部和胸部结合要好,鬐甲要宽直,与肩胛结合良好,没有凹陷;胸要宽、深,肋骨开张好。肩胛部凹陷,胸部窄,肋骨扁平等都是不良的表现。

(4)中躯。背要宽、长、平直,与胸部及腰部结合良好,腹侧面要平滑。母猪腹部要大,腹线平直;公猪腹部要小,腹线平直。

(5)后躯。臀部宽广,肌肉丰满,大腿丰满;后腿到飞节处不要太弯,平直最好,不良的表现主要是斜尻；尾根附着要高，尾要粗。

（6）四肢。四肢要求健壮，高而端正，肢势正确，站立时前后肢要在一条线上，走路不左右摇摆，尤其是两个前肢的距离一定要宽；四肢均无"X"形、"O"形腿；膝部要短而有力、粗壮富有弹性，无直系与卧系。

（7）生殖器官与乳头。母猪阴户大小要适中，不上翘；公猪睾丸要左右对称，大小一样，睾丸大而不明显下垂，不能有隐睾。乳头数要在 7 对以上，乳房靠前，左右对称，乳头大小整齐，无小乳头、瞎乳头、内陷乳头。

步骤三 评定结果填写

将评定结果填入评分表中，猪外貌评定评分要求见表 6-1。

表 6-1 猪外貌评定评分表

猪号_____ 品种_____ 年龄_____ 性别_____
体重_____ 体长_____ 体高_____ 胸围_____
腿臀围_____ 营养状况_____ 等级_____

序号	鉴定项目	评语	标准评分	实得分
1	一般外貌		25	
2	头颈		5	
3	前躯		15	
4	中躯		20	
5	后躯		20	
6	乳房、生殖器		5	
7	肢蹄		10	
	合计		100	

注意事项

（1）评定时，评定人与被评定猪之间保持一定距离，一般以 3 倍于猪体长的距离为宜。分别从正面、侧面和后面进行一系列的观测和评定，再根据观测所得的总体印象进行综合分析并评定优劣。

（2）外貌评定时除考虑各部位外形特点外，还应考虑猪的总体外貌特征。

步骤四 撰写实训报告

猪的体形外貌评定

姓名：_____ 班级：_____ 学号：_____ 专业：_____

实训评价

实训评价表

评价项目	分值	扣分依据	自评分值	小组评分	教师评分	熟悉程度
一般外貌	15	分类操作错误1处扣2分				基本/熟练掌握
头颈	5	识别错误1处扣2分				基本/熟练掌握
前躯	5	识别错误1处扣2分				基本/熟练掌握
中躯	5	识别错误1处扣2分				基本/熟练掌握
后躯	5	识别错误1处扣2分				基本/熟练掌握
乳房、生殖器	5	识别错误1处扣2分				基本/熟练掌握
肢蹄	5	识别错误1处扣2分				基本/熟练掌握
体重	5	识别错误1处扣2分				基本/熟练掌握
体长	5	识别错误1处扣2分				基本/熟练掌握
体高	5	识别错误1处扣2分				基本/熟练掌握
胸围	5	识别错误1处扣2分				基本/熟练掌握
腿臀围	5	识别错误1处扣2分				基本/熟练掌握
正确选用工具	5	识别错误1处扣2分				基本/熟练掌握
测量部位准确	5	识别错误1处扣2分				基本/熟练掌握
团队合作	5	识别错误1处扣2分				分工明确
规范程度	15	分类不规范、混乱各扣5分				基本/熟练掌握
合计	100					

教师总体评价

公猪的采精　实训七

📋 任务描述

给公猪进行采精操作。

🧠 实训目的

（1）了解公猪采精的程序。
（2）掌握公猪采精的方法。
（3）能够用手握法采精。

👨‍🏫 实训要求

（1）熟悉公猪的生殖生理相关知识。
（2）做好实训前的各项准备工作。
（3）熟悉采精的操作步骤。
（4）能够严格按照实训步骤规范、安全地完成实训操作。
（5）认真撰写实训报告。

📦 实训准备

调教好的公猪若干头、集精杯、假台畜、消毒纸巾、纱布等。

👥 实训筹划

（1）复习公猪生殖生理的相关知识，掌握手握法采精的操作要领。
（2）做好采精前的准备工作。
（3）准备好假台畜及消毒工具。
（4）做好精液品质检查的相关准备工作。
（5）撰写实训报告。

实训步骤

步骤一　准备工作

1. 器材的准备

清洗与消毒采精用的所有器材，必须确保清洁无菌。器材用2%～3%的碳酸氢钠溶液洗刷后，立即用清水冲洗干净，不留残迹，经过消毒方可使用。

2. 采精杯的准备

首先，在保温杯内衬一只一次性保鲜袋，将袋口外翻罩住保温杯口，再在杯口覆盖一层过滤纸或消毒过的四层纱布，使其能沉入杯口2 cm左右，并用橡皮筋固定。其次，将采精杯放在37 ℃恒温箱备用。为了保证采精杯内的实际温度，采精杯与杯盖需要分开放置恒温箱内，采精时拿出保温杯，盖上盖子，递给采精人员。

3. 采精室的准备

采精前先将假台畜周围清扫干净，特别是公猪精液中的胶体以防止公猪踩踏打滑，造成扭伤而影响生产。对假台畜进行清洁，调整高度并固定好。

步骤二　采精操作

目前，猪常用的采精方法是手握法，其步骤如下。

（1）将公猪赶入采精室，关上栅栏，清洁其体表。

（2）采精人员戴上双层无菌的一次性手套，诱导公猪爬跨假台畜，待公猪爬上假台畜后，按摩、挤出公猪包皮腔积液，并用消毒纸巾擦干。

（3）脱去外层手套，左手持集精杯蹲在公猪的左侧，右手握成锥形的空拳，当公猪阴茎伸出时，将龟头螺旋部分导入空拳内1 cm左右，用手锁定阴茎，然后顺势将阴茎的"S"形弯曲拉直，手握紧阴茎龟头防止其旋转，待充分伸展后，阴茎停止前冲，开始射精。

（4）公猪的精液分段射出，刚开始射出的是含精子少的清亮液体，不予收集；待射出部分清亮液体后，射出含精子多、浓白的精液再开始收集，是主要的收集部分；最后射出的是含白色胶状的液体。

（5）当公猪开始环视四周时，射精即将结束，右手可略松开龟头，以观察公猪的反应。如果阴茎又开始转动，说明射精没有结束，应立即锁定龟头；如阴茎松软，则结束采精。

（6）将采精杯放入壁橱。

（7）将公猪缓慢赶回圈内。

注意事项

（1）采精员在采精过程中要注意安全、小心操作，以防被公猪咬伤、踩伤和压伤。

（2）公猪在吃食前、后半小时内不能采精。

（3）采精前要先清除包皮积尿，用纸巾擦干，防止包皮积液混入精液造成死精和精子活力下降。

（4）公猪的精液分段射出，采精过程中前期的稀精和后期含胶体多的部分应该弃去。

（5）采精的频率要适宜。

步骤三 撰写实训报告

公猪的采精实训报告

姓名：_____ 班级：_____ 学号：_____ 专业：_____

 实训评价

实训评价表

评价项目	分值	扣分依据	自评分值	小组评分	教师评分	熟悉程度
器械的准备	15	准备不当1处扣5分				基本/熟练掌握
采精杯的准备	15	准备不当1处扣5分				基本/熟练掌握
采精室的准备	10	准备不当1处扣5分				基本/熟练掌握
采精操作	50	操作错误1处扣5分				基本/熟练掌握
规范程度	10	不规范、混乱1处扣5分				基本/熟练掌握
合计	100					
教师总体评价						

公猪的精液品质检查　实训八

任务描述

给采集的新鲜精液或者稀释后的精液进行品质检查。

实训目的

（1）了解猪精液品质检查的目的。
（2）掌握猪精液品质检查的方法。
（3）能够对猪精液品质进行评定。

实训要求

（1）熟悉精液品质检查的相关基础知识。
（2）做好精液品质检查的各项准备工作。
（3）会使用显微镜。
（4）掌握实训的操作步骤和方法。
（5）能够严格按照实训步骤规范、安全地完成实训操作。
（6）认真撰写实训报告。

实训准备

猪的新鲜精液、血球计数板、电子台秤、载玻片、恒温载物台、盖玻片、血色素管、移液器、小试管、计数器、显微镜、滴管、3.0%氯化钠溶液、染色剂等。

实训筹划

（1）掌握显微镜的使用方法，掌握精液品质检查的相关知识。
（2）准备好相关的仪器设备及用具。
（3）准备好新鲜的猪精液。
（4）按照流程完成精液品质鉴定。
（5）撰写实训报告。

实训步骤

步骤一　感官检查

感官检查主要包括射精量、精液颜色、精液气味、云雾状等。

1. 射精量

猪一次射精量的正常范围为 150～500 mL，但因品种、年龄、状况及采精频率不同而有差异。

2. 精液颜色

正常的精液为乳白色或灰色。精子密度越高，乳白程度越浓，其透明度就越低。若为红色，则混有血液；若为黄色，则混有尿液；若为绿色，则混有脓液，应查明原因，及时处理。

3. 精液气味

正常的精液有特殊的腥味，若带有臭味、尿味则均属不正常的精液，不可使用。

4. 精液性状

肉眼观察时，精液因精子运动上下翻滚如云雾状。精子密度越大，活力越高，云雾状越明显。因此，观察精液有无云雾状，也是估测精子密度、活力的指标之一。

步骤二　显微镜检查

显微镜检查主要包括精子活力、密度、畸形率等。

1. 精子活力检查

精子活力是指直线前进运动的精子占整个精子量的百分比，是评定精液品质的重要指标。

（1）准备工作。将光电显微镜调成弱光，打开显微镜的保温箱或恒温载物台；将清洗干净的载玻片和盖玻片，放入 37 ℃左右的恒温箱内备用。准备玻璃棒、烧杯、剪刀、擦试纸、38 ℃生理盐水、新鲜的精液。

（2）检查方法。先用玻璃棒蘸取一滴原精液或稀释的精液（用生理盐水稀释，其温度趋于精液温度），滴在载玻片上再加上盖玻片，盖玻片呈 45°，勿使其产生气泡，然后在 400～600 倍的显微镜下估测活力。

（3）结果评定。评定精子活力多采用"十级评分制"，即若精液中有 80% 的精子做直线运动，则精子活力计为 0.8；若有 50% 的精子做直线运动，则计为 0.5，以此类推。猪新鲜精液活力一般为 0.7～0.8，活力低于 0.7 的不能使用。

2. 精子密度检查

精子密度是指单位体（容）积精液中所含有精子的数目，从而可计算出每次采精量的精子数，确定稀释的倍数和每剂精液中的精子数，是评定精液品质的重要指标之一。目前常用的检查方法有估测法、血细胞计数法、光电比色法。

（1）估测法（目测法）。估测法通常结合精子活力检查进行。根据视野内精子的数量，通常分为"密""中""稀"三个等级：精子间的间隙小于一个精子长度为密；精子间的间隙相当于一个精子长度为中等；精子间的间隙大于一个精子长度为稀。这种方法能大致估计精子的密度，主观性强，误差较大，但方法简便易行。

（2）血细胞计数法。用血细胞计数法定期对猪的精液进行检查，可较准确地测定精子密度。将精液用3%的NaCl稀释100倍或200倍，然后加一滴精液于盖玻片边缘，使精液自动渗入计算室，注意不要产生气泡，并静置3 min。调节显微镜，分别计数4个角及中央共5个中方格的精子数。精子计数的方法为：以精子的头部为准，以"数上不数下、数左不数右"的原则计数格线上的精子，代入公式计算精子密度。

$$精子密度 = X \times 5 \times 10 \times 稀释倍数 \times 1\,000$$

式中，X为400倍显微镜统计出计数室4个角及中央共5个中方格内的总精子数。

（3）光电比色法（精子密度仪）。现今，世界各国普遍应用光电比色法进行动物精液的密度测定。此法快速、准确、操作简便。其原理是根据精液的透光性，精子密度越大，透光性就越差。

3. 精子畸形率检查

畸形率是指畸形精子占整个视野精子总数的百分比。头部呈椭圆形，中部和尾部自然延伸的是正常精子。畸形精子包括头部畸形（大头、小头、梨形头、圆头、双头等）、尾部畸形（原生质滴、断尾、卷尾、双尾、异常弯曲等）。

（1）准备工作如下。

①器械：载玻片、胶头滴管、镊子、染色缸、计数器、擦镜纸、烧杯、洗瓶等。

②试剂：精液、蓝墨水（红墨水或0.5%龙胆紫溶液）、96%酒精等。

（2）检查方法如下。

①抹片：用胶头滴管吸取精液1滴，滴于载玻片右端，以另一载玻片的顶端呈35°角抵于精液滴上，精液呈条状分布在两个载玻片接触边缘之间，自右向左移动，将精液均匀涂抹于载玻片上。

②干燥：在空气中自然干燥。

③固定：置于95%酒精固定液中固定5～6 min，取出冲洗后阴干。

④染色：用蓝（红）墨水染色3～5 min，用缓慢水流冲洗干净，晾干。

⑤镜检：将制作好的抹片置于显微镜下，查数不同视野300～500个精子，记录畸形精子的数量，计算精子畸形率。

$$精子畸形率(\%) = \frac{畸形精子数}{精子总数} \times 100$$

通常猪的精子畸形率不超过20%，如果超过20%则视为精液品质不良，不能用作输精。

注意事项

（1）评定精子活力的准确度与经验有关，具有主观性，检查时要多看几个视野，取平均值。温度对精子活力影响较大，要求检查温度在37～38 ℃，如果没有保温装置，则检查速度要快，在10 s内完成。

（2）用血细胞计数法定期对猪的精液进行检查，为了减少误差，必须进行2～3次计数，求出平均数，即为确定的精子数。

（3）进行畸形率检查抹片时，切忌将精液滴"推"过去，否则易造成精子人为受损，导致畸形率偏高；精液浓度过高，抹片前需稀释，形成分散的精子分布，便于显微镜观察；在抹片干燥后、固定染色前增加一个环节，把玻片置于显微镜下观察精子的分布状态，如果过于密集或稀少，可重新抹片，提高成功率。

步骤三 撰写实训报告

猪的精液品质检查实训报告

姓名：_____ 班级：_____ 学号：_____ 专业：_____

实训评价

实训评价表

评价项目	分值	扣分依据	自评分值	小组评分	教师评分	熟悉程度
猪精液量检查	10	测定操作错误 1 处扣 2 分				基本 / 熟练掌握
精液气味	10	测定操作错误 1 处扣 2 分				基本 / 熟练掌握
精液色泽	10	测定操作错误 1 处扣 2 分				基本 / 熟练掌握
精子密度	10	测定操作错误 1 处扣 2 分				基本 / 熟练掌握
显微镜使用	10	测定操作错误 1 处扣 2 分				基本 / 熟练掌握
精子活力	15	测定操作错误 1 处扣 3 分				基本 / 熟练掌握
精子畸形率	15	测定操作错误 1 处扣 3 分				基本 / 熟练掌握
操作规范	10	不规范、混乱 1 处扣 2 分				基本 / 熟练掌握
计算正确率	10	计算错误不得分				基本 / 熟练掌握
合计	100					

教师总体评价

精液的稀释与分装　实训九

任务描述

对经过品质检查的新鲜精液进行稀释和分装。

实训目的

（1）了解精液稀释的流程。
（2）了解精液稀释的注意事项。
（3）能对精液进行稀释和分装。

实训要求

（1）掌握精液稀释的相关基础知识。
（2）做好实训前的各项准备工作。
（3）会使用精液稀释的器具。
（4）掌握实训的操作步骤和方法。
（5）能够严格按照实训步骤规范、安全地完成精液的稀释和分装。
（6）认真撰写实训报告。

实训准备

猪的新鲜精液、保温瓶、玻璃棒、刻度吸管、小试管、恒温水浴锅、显微镜、滴管、蒸馏水、猪精液稀释粉、pH试纸、保温箱等。

实训筹划

（1）学习精液保存的相关知识。
（2）准备相关的仪器设备及用具。
（3）准备猪的新鲜精液。
（4）按照流程完成精液的稀释与分装。
（5）撰写实训报告。

实训步骤

步骤一 确定精液稀释倍数

适宜的精液稀释倍数应根据精子密度、活力、稀释后保存时间、需要配种的母猪头数确定，生产中一般根据每剂精液的体积和有效精子数确定其稀释的倍数。国家试行标准规定，每剂精液 80 mL、有效精子数为 30 亿个。

$$原精液可分装剂数 = \frac{原精液密度 \times 输精要求活力 \times 采精量}{每剂精液有效精子数}$$

$$需加稀释液量 = 原精液可分装剂数 \times 每剂精液体积 - 采精量$$

$$稀释后精液量 = 采精量 + 稀释液的量$$

$$精液稀释倍数 = \frac{稀释后的精液量}{采精量}$$

步骤二 配制稀释液

目前，除大规模人工授精站外，一般不主张自己配制稀释粉，推荐使用商业化稀释粉。稀释粉与蒸馏水比例应按照说明书严格执行。将稀释粉与蒸馏水混合后，放入水浴锅中预温 10 min 后摇匀，可加速稀释粉的溶解。如果使用加热磁力搅拌器，则不必在水浴锅中预温。

步骤三 稀释精液

将大烧杯放在电子秤上，除皮，再将精液袋放入其中，并将精液袋上口翻在杯沿外；将装稀释液的三角瓶从水浴锅中取出，擦去底部水分，将稀释液沿瓶壁缓慢加入精液中，切不可将精液倒入稀释液内，直到达到计算的最终重量；稀释后将精液瓶轻轻转动或用玻璃棒搅拌使其充分混合，切忌剧烈搅动。

步骤四 检查精子活力

精液稀释后、分装前，应进行显微镜检查。如果稀释后的精子活力下降明显，就说明稀释液有问题或操作不当；若无明显下降，则开始分装。

步骤五 分装与保存精液

精液分装物应为对精子无毒副作用的一次性塑料制品，可选用袋装、瓶装或管装，容量应大于对应精液最低剂量的 110%。封口严密，要贴上标签，标签上须写明品种、耳号、采精时间等，以备查验，然后放在 16～18 ℃恒温箱中保存。保质期内每间隔 8～12 h 摇匀 1 次。

注意事项

（1）精液稀释时不可将精液倒入稀释液内，稀释后将精液瓶轻轻转动或用玻璃棒搅拌使其充分混合，切忌剧烈搅动。

（2）高倍稀释时，应分次进行，先低倍后高倍，防止精子因所处的环境突然改变过大而造成稀释打击。

（3）稀释液和精液的温度相差不超过1 ℃。

（4）保存精液时，先在22～25 ℃的室温内逐步降温1 h后再放置在16～18 ℃恒温箱中避光保存。

步骤六　撰写实训报告

精液的稀释与分装实训报告

姓名：_____　班级：_____　学号：_____　专业：_____

 实训评价

实训评价表

评价项目	分值	扣分依据	自评分值	小组评分	教师评分	熟悉程度
稀释倍数的计算	15	计算错误1处扣2分				基本/熟练掌握
稀释液的配制	15	操作错误1处扣2分				基本/熟练掌握
精液稀释	20	操作错误1处扣2分				基本/熟练掌握
活力检查	15	操作错误1处扣2分				基本/熟练掌握
分装保存	20	操作错误1处扣2分				基本/熟练掌握
操作规范	15	不规范、混乱扣3分				基本/熟练掌握
合计	100					
教师总体评价						

母猪的发情鉴定　实训十

任务描述

对母猪进行发情鉴定，确定适宜的配种时机。

实训目的

（1）了解母猪发情鉴定的方法。
（2）掌握母猪发情鉴定的技术要领。
（3）能够进行母猪发情鉴定，准确地判断母猪是否达到适宜的配种时间。

实训要求

（1）熟练掌握相关基础知识。
（2）做好实训前的各项准备工作。
（3）会使用发情鉴定工具。
（4）掌握实训的操作步骤和方法。
（5）能够严格按照实训步骤规范、安全地完成实训操作。
（6）认真撰写实训报告。

实训准备

处于发情期的母猪若干头、试情公猪若干头、记号笔若干支、医用棉签、记录本。

实训筹划

（1）学习母猪发情的相关知识。
（2）准备好相关的仪器设备及用具。
（3）准备好母猪和试情公猪。
（4）按照流程完成母猪的发情鉴定。
（5）撰写实训报告。

实训步骤

步骤一　公猪试情

工作人员用性欲旺盛、体质健壮的公猪对母猪进行试情，根据母猪的反应判断其是否发情。发情母猪常表现为愿意接近公猪，频频排尿和静立不动；不发情的母猪则远离公猪，无交配行为。经公猪试情，对疑似发情的母猪在被毛上用标记笔涂上标记。

步骤二　观察和压背

工作人员进入圈栏，首先，仔细观察疑似发情母猪的阴门颜色、状态。母猪的阴门由潮红变成浅红，阴门水肿稍有消退出现微皱，阴门较干，此时可以实施配种。如果观察到阴门水肿没有消退迹象或已完全消肿，则此时还未到配种适期或配种时机已过。其次，仔细观察疑似发情母猪的阴道，当阴道口底端流出的黏液由稀薄变成黏稠时，用医用棉签蘸取黏液，其黏液与阴道口拖拉成黏液线，不易脱离时是配种最佳时期，应进行配种。最后，用手按压母猪背腰部，如母猪表现为静立不动、尾稍翘起、后肢叉开，即为"静立反射"。向前推母猪，母猪表现为不逃脱，反而向后用力，主动接近人，此时的母猪发情即为旺盛时期，是最佳的配种时机。

步骤三　判断是否能输精

采用公猪试情、观察与压背三种方式相结合，引导待查情的母猪与公猪（外激素）口鼻接触，仔细观察母猪的外阴、分泌物、行为及其他表现和变化进行综合判断。

经综合判断，当母猪阴户黏膜颜色由红色变为粉红色，黏液黏稠，压背时出现"静立反射"时，为适宜的输精时间，此时在发情母猪被毛上用另一种颜色标记笔涂上这样标记，这样被毛上标记有两种颜色的母猪即是要配种的母猪。

注意事项

（1）鉴定时不能在群养的母猪圈内放入公猪，如果发情的母猪跟随不发情的母猪跑动，则不利于发现发情的母猪。

（2）对于空怀和已经配种的母猪，每天需要进行发情检查2次。

（3）要细致观察老龄母猪的发情状况，最好通过试情公猪进行试情，防止错过最佳配种时机。

（4）注意隐性发情母猪的鉴定，要让其直接与公猪接触进行试情，才能够判断其是否发情。

（5）母猪发情鉴定时要细心，通过采取一般与重点相互结合的鉴定方法，多次进行细致检查，并采取综合分析，而不能单一地根据某一表现或方法判定其是否发情。

步骤四　撰写实训报告

母猪的发情鉴定实训报告

姓名：_____　　班级：_____　　学号：_____　　专业：_____

实训评价

实训评价表

评价项目	分值	扣分依据	自评分值	小组评分	教师评分	熟悉程度
公猪试情法	15	操作错误 1 处扣 2 分				基本 / 熟练掌握
判断准确性	10	判断不准确该项不得分				基本 / 熟练掌握
外部观察法	15	测定操作错误 1 处扣 2 分				基本 / 熟练掌握
判断准确性	10	判断不准确该项不得分				基本 / 熟练掌握
压背实验	15	测定操作错误 1 处扣 2 分				基本 / 熟练掌握
判断准确性	10	判断不准确该项不得分				基本 / 熟练掌握
标记情况	10	标记错误 1 处扣 2 分				基本 / 熟练掌握
整体操作规范	15	不规范、混乱扣 3 分				基本 / 熟练掌握
合计	100					
教师总体评价						

母猪的输精　实训十一

任务描述

对适宜配种的发情母猪进行输精操作。

实训目的

（1）了解输精操作的步骤。
（2）掌握母猪输精操作的技术要领。
（3）能够对发情母猪进行输精操作。

实训要求

（1）熟练掌握相关基础知识。
（2）做好实训前的各项准备工作。
（3）会使用输精器械。
（4）掌握母猪输精的操作步骤和方法。
（5）能够严格按照实训步骤规范、安全地完成输精操作。
（6）认真撰写实训报告。

实训准备

发情的母猪若干头、输精管、消毒剂、精液、剪刀、润滑油、卫生纸巾。

实训筹划

（1）学习母猪输精操作要领及注意事项。
（2）准备相关的仪器设备及用具。
（3）准备发情母猪。
（4）按照流程完成母猪的输精操作。
（5）撰写实训报告。

实训步骤

步骤一　做好准备工作

输精前，必须检查精子的活力，活力低于0.7级的精液不能使用，并根据需要输精的母猪头数，准备好精液的剂数，将精液瓶（袋）放入专用保温箱或疫苗箱中。准备用于清洁、消毒的干毛巾或四张纸巾，专用润滑剂和输精管，输精管应按需要量放入专用的临时存放盒（袋）中。使用时，输精管的前2/3部分不要用手直接接触。

步骤二　清洁母猪的躯体和外阴

清洁母猪的躯体和外阴部，如果母猪的外阴过于肮脏，可先用湿毛巾拧干水分后擦拭，不要用清水清洗，以防止母猪将污水吸入子宫内，引起子宫炎，之后用手刺激母猪的敏感部位。

步骤三　插入输精管

从密封袋一端撕开，取出无污染的一次性输精管（避免接触输精管的前2/3部分），露出泡沫头，在泡沫头前端涂上对精子无毒的润滑剂，润滑剂不得堵塞输精管头中间的小孔。然后，一只手撑开母猪的阴门，另一只手拿好输精管，避开尿道口，斜向上45°插入母猪阴道，插入约15 cm后，平缓水平地重复抽送输精管，直到输精管的前部到达子宫颈口（有阻力），适度用力向左旋转并推入4～5 cm，使输精管的泡沫头卡入母猪子宫颈管内，即到达输精位置。

步骤四　接入精液袋

取出精液瓶（袋）轻轻摇动3～5次，使沉淀的精子与上清液混合，拿住瓶（袋）颈打开管口盖，将精液容器与输精管紧密连接。

步骤五　输精

右手将精液袋后端提起，使其高于母猪背部，左手压住母猪的后背，或左臂跨过母猪后背，腋部压在母猪背上，并按摩母猪的右侧腹部及后部乳房，刺激子宫收缩，利用宫缩产生的内吸力量让精液顺利流进子宫颈内。

步骤六　取出输精管

输精结束后将输精管折弯，或者将瓶口或精液袋上的小孔套住，让输精管在子宫颈内继续停留5～10 min，然后较快且平稳地向后下方抽出。

步骤七　记录

认真登记母猪生产卡、配种记录，方便以后查询母猪配种情况及预产期。

注意事项

（1）输精管的前2/3部分不要用手直接接触。

（2）不要用清水清洗外阴，以防止母猪将污水吸入子宫内，引起子宫炎。

（3）在输精过程中，应注意观察精液的流动情况。如果流动不畅，可轻轻挤压精液容器使精液充满输精管，然后尽量让精液自行流入，或者可在瓶装精瓶底扎一小孔，使空气进入，以使精液靠液体的重力全部流出。如果瓶或袋中的精液面下降很快，就有可能出现精液倒流，应先将输精液瓶（袋）放低，再略微抬高。如果仍出现倒流，则应试着将输精导管向前插入，并检查是否锁定在子宫颈管内。如果输精导管仍无法被锁定，则应将输精导管抽出，过3～5 min，母猪子宫颈管放松后，再重新插入。

（4）输精时，遇到母猪排尿，应丢弃被尿污染的输精导管，换一支新的输精导管。

（5）输精时，要控制输精速度，既不能太快也不能太慢，一般不应短于5 min，如果超出15 min，则说明输精过程存在问题，需要注意检查操作方法。

（6）输精结束后，不要立刻拔出输精管，应让输精管在子宫颈内继续停留5～10 min，以防止精液倒流。刺激子宫收缩，有利于精液向子宫深部运行。

步骤八 撰写实训报告

母猪的输精实训报告

姓名：_____ 班级：_____ 学号：_____ 专业：_____

 实训评价

实训评价表

评价项目	分值	扣分依据	自评分值	小组评分	教师评分	熟悉程度
准备工作	10	表述错、漏1处扣2分				基本/熟练掌握
清洁外阴	10	清洁错误扣5分				基本/熟练掌握
插入输精管	10	操作错误1处扣2分				基本/熟练掌握
接入输精袋	10	操作错误1处扣2分				基本/熟练掌握
输精	30	操作错误1处扣5分				基本/熟练掌握
取出输精管	10	操作错误1处扣2分				基本/熟练掌握
记录	10	记录错误、不记不得分				基本/熟练掌握
整体操作规范	10	不规范、混乱各扣4分				基本/熟练掌握
合计	100					
教师总体评价						

母猪的妊娠诊断　实训十二

任务描述

对已配种的母猪进行早期妊娠诊断。

实训目的

（1）掌握母猪妊娠诊断的方法。
（2）能够对配种母猪进行妊娠诊断。

实训要求

（1）熟练掌握相关基础知识。
（2）做好实训前的各项准备工作。
（3）会使用妊娠诊断的工具。
（4）掌握实训的操作步骤和方法。
（5）能够严格按照实训步骤规范、安全地完成妊娠诊断操作。
（6）认真撰写实训报告。

实训准备

已配种母猪若干头、酒精灯、烧杯、样品管、碘酒、橡胶手套、B型超声波诊断仪。

实训筹划

（1）了解妊娠母猪的生理和行为特点。
（2）准备相关的仪器设备及用品。
（3）准备已配种母猪。
（4）按照流程完成母猪妊娠诊断。
（5）撰写实训报告。

实训步骤

步骤一　妊娠诊断

1. 观察法

母猪配种后表现出贪吃、贪睡，食欲增强，膘情好转，皮毛光亮，性情温顺，行动谨慎缓慢，阴门干燥缩成一条线，尾巴下垂等现象；群养时，会避开其他母猪，此时可初步判断为已妊娠。

2. 尿检法

取配种后5～10 d的母猪晨尿10 mL左右，放入试管内测出比重（应为1.01～1.025）。若过浓，则须加水稀释到上述浓度，然后滴入5%～7%的碘酒1 mL，在酒精灯上加热，达沸点时，注意观察其颜色变化。若尿液由上而下出现红色，则已怀孕；若没有怀孕，则尿液呈黄色或褐绿色，而且尿液冷却后颜色消失。

3. 返情检查法

猪的发情周期一般为21 d，如果母猪配种后20 d左右后不出现发情表现，则认为已基本妊娠，等到第二个发情期仍不表现发情，就可确定已经妊娠。须注意的是，个别母猪妊娠后，有的也会有假发情的现象，最好与超声波诊断结合使用；有的母猪在配种后受营养、生殖疾病或环境应激等因素的影响而造成乏情现象，也会被误认为妊娠表现。

4. B超诊断法

（1）保定母猪。母猪侧卧保定，也可站立或采食。规模化猪场，一般在限位栏内进行。对个别难以接近的母猪，可用抓猪器或用门板等将其挤于墙角探查。

（2）确定探查部位。探查部位一般在下腹部左右，后肋部前的乳房上部，从最后一对乳腺的后上方开始，随妊娠阶段增进，探查部位逐渐前移，可达肋骨后端。探查时探查部位要保持清洁。

（3）探查。探查部位的局部或探头涂布耦合剂，探头紧贴腹壁朝向耻骨前缘、骨盆腔入口方向，呈45°斜向对侧，前后和上下进行定点扇形扫查。探查动作要慢，切勿在皮肤上滑动探头快速扫查。

（4）判定结果。

①妊娠母猪。在妊娠早期（18～21 d）子宫中出现孕囊，内含早期胎水，量少，呈小的圆形暗区。暗区的直径不到1 cm或1 cm以上，通常为一个暗区或2～3个相邻的暗区，位于膀胱暗区的前下方。随妊娠时间的延长，暗区会不断扩大，呈多个不规则圆形、椭圆形暗区。妊娠26 d后，胚胎逐渐显现胎儿固有的轮廓，胎头、躯体及四肢逐渐发育完善，显现胎动及内脏器官。

②未孕母猪。子宫角位于膀胱左右和前下方，探查时膀胱腔内为无回声较规则的液性暗区。空怀母猪的子宫角断面为不规则圆形的弱反射区。

注意事项

（1）检测次数必须在2次以上，可分别在母猪妊娠24 d、38 d做2次孕检（或者在妊娠30 d、45 d、50 d做3次孕检）。检测时母猪须站立起来排尿，避免因膀胱充盈而出现误判。

（2）检测时使用足够的耦合剂使探头充分接触皮肤，使显像更加清晰。

（3）对疑似未孕母猪应做好标记和记录，且在1周内重新扫描。对确定空怀或者未孕母猪，要在配种卡上做好记录，并将其转移到配种区。

步骤二　撰写实训报告

母猪的妊娠诊断实训报告

姓名：_____　班级：_____　学号：_____　专业：_____

实训评价

实训评价表

评价项目	分值	扣分依据	自评分值	小组评分	教师评分	熟悉程度
观察法	20	判断错误1处扣5分				基本/熟练掌握
尿检法	20	操作错误1处扣5分				基本/熟练掌握
返情检查	20	操作错误1处扣5分				基本/熟练掌握
B超诊断法	30	操作错误1处扣10分				基本/熟练掌握
操作规范性	10	不规范、混乱各扣2分				基本/熟练掌握
合计	100					
教师总体评价						

母猪的接产 实训十三

任务描述

给即将分娩的母猪接产。

实训目的

（1）熟悉母猪的分娩过程，了解接产环节。
（2）能够给临产的母猪接产。
（3）能护理初生仔猪。

实训要求

（1）熟练掌握接产、初生仔猪护理的相关基础知识。
（2）做好实训前的各项准备工作。
（3）会使用接产的各类工具。
（4）掌握接产和仔猪护理的操作步骤和方法。
（5）能够严格按照实训步骤规范、安全地完成实训操作。
（6）认真撰写实训报告。

实训准备

临产母猪若干头、肥皂、5%碘酊、0.1%高锰酸钾溶液、3%～5%来苏尔水、催产素、液状石蜡、电子秤、保温灯、温箱垫料、250 W红外线灯、电热板、产仔栏、仔猪箱、擦布、断尾器、剪牙钳、耳标器、耳标、记录表格、结扎线、注射器、医用纱布、毛巾、面盆、活动隔栏、计量器具（秤）、产科包等。

实训筹划

（1）学习母猪分娩的相关知识。
（2）准备相关的仪器设备及用具。
（3）准备临产的母猪。
（4）按照流程完成母猪的接产和仔猪的护理工作。
（5）撰写实训报告。

实训步骤

步骤一　接产前的准备

（1）在母猪产前5～7 d准备好产房，产房要控温、干燥、卫生。

（2）临产前7 d将母猪转入产房。在进入产房前，应清除母猪体表尤其是腹部、乳房、阴户周围的污物。转圈宜在早饲前空腹时进行，将母猪转入产房后立即饲喂，使其尽快适应新的环境。

（3）根据母猪接产需要准备接产的用具、药品、消毒液等。

步骤二　母猪临产判断

（1）乳房膨胀、乳头根部膨大呈紫红色，最后一对乳头呈外八字形，用手挤压有乳汁排出时，预计2～4 h会分娩。

（2）母猪表现出神情不安，时起时卧，频频排尿，有"衔草筑巢"行为。

（3）母猪的阴户红肿松弛，子宫收缩阵痛，阴门中有黏液或羊水流出。

步骤三　临产母猪清洁

（1）清洁时间。产前约30 min即流羊水时；清洁太早，母猪躯体易再次弄脏。

（2）操作顺序。擦拭乳房→清洁整个后躯→清洁产床。

（3）清洁方法。温热清水刷洗→消毒液消毒。

被仔猪吮吸前的每个乳头都应轻挤一次乳汁，因为这部分奶水里含有杂质和某些致病因子。

步骤四　接产操作

（1）当仔猪产出后，应立即倒提仔猪用手掏出其口腔内的黏液，然后用柔软的垫草或毛巾将其口鼻和全身的黏液擦干净，以防窒息和避免仔猪感冒。个别仔猪在出生后胎衣仍未破裂，接产人员应马上用手撕破胎衣，以免仔猪窒息而死。

（2）当仔猪已产出而脐带尚留在产道内时，须用一只手固定住脐带基部，用另一只手捏住脐带慢慢从产道内拽出，不可通过拽拉仔猪拖出脐带；然后，把脐带内血挤向脐带基部，在离脐带基部4～6 cm处用线结扎，用消毒的剪刀剪断或用手指掐断，脐带断面用5%的碘酊消毒。

（3）帮扶仔猪吃些初乳后将其移至仔猪箱内。

（4）待全窝仔猪全部产完后一起称重、编号并做好记录。产仔结束后，应使用剪牙钳将仔猪的乳齿剪断。接产人员用一只手抓握住仔猪的额头部，用拇指和食指用力捏住仔猪上下颌的嘴角处，将仔猪的嘴捏开，然后用另一只手持剪刀在其齿龈处，将所有的乳齿剪断。为防止尾巴过长引起咬尾症，还应用断尾器将尾巴断掉。

（5）如果有的仔猪发生假死，应立即清除口鼻腔内羊水，断脐带，然后一只手提猪后腿，另一只手轻拍打仔猪背部；或者双手托住仔猪头和尾，向中间挤压心脏复苏；或者擦净口腔黏液后，手提仔猪后腿，用力向身后甩（2～3次），甩出仔猪咽喉器官里的黏液；也可以3种方法交替进行，直到仔猪发出叫声为止。最后将仔猪放入40 ℃温水中，头部露出水面，30 min后可复活。

（6）产后2～3 d，每天每隔50～60 min将仔猪拿出仔猪箱帮助其吃初乳，吃饱后再放回仔猪箱内，这样有利于母仔休息及健康。

步骤五 产后处理

接产完毕，将分娩圈栏打扫干净，用温度为35～38 ℃的0.1%高锰酸钾溶液或0.1%的氯己定溶液，将母猪、地面、圈栏等擦洗消毒，如有垫草应重新铺上，一切恢复至产前状态。接产人员用3%来苏尔水洗手后，再用清水净手。

注意事项

（1）产前1周要认真观察母猪的状态，产前3～5 d要安排有经验的接产人员昼夜轮流看守待产母猪，做好随时接产的准备，无关人员不得进入产房，以免惊扰母猪。

（2）需要提前准备好母猪生产所需的药品和器具。

（3）仔猪产出时，应立即用干净的毛巾擦干仔猪口鼻内的黏液，防止仔猪窒息死亡。

（4）要及时给仔猪断脐，保证其尽早吃到初乳。

（5）产后尽快清理圈内脏物，安排人员巡视栏位，注意不要让母猪压到仔猪。

步骤六 撰写实训报告

母猪的接产实训报告

姓名：_____ 班级：_____ 学号：_____ 专业：_____

 实训评价

实训评价表

评价项目	分值	扣分依据	自评分值	小组评分	教师评分	熟悉程度
接产前准备	10	操作错误1处扣2分				基本/熟练掌握
临产判断	10	操作错误1处扣2分				基本/熟练掌握
接产操作	30	操作错误1处扣5分				基本/熟练掌握
剪牙操作	15	操作错误1处扣5分				基本/熟练掌握
断尾操作	15	操作错误1处扣5分				基本/熟练掌握
产后处理	10	操作错误1处扣2分				基本/熟练掌握
操作规范性	10	不规范、混乱各扣2分				基本/熟练掌握
合计	100					
教师总体评价						

仔猪补铁　实训十四

任务描述

根据补铁的规范操作，给仔猪补铁。

实训目的

（1）理解仔猪补铁的意义。
（2）掌握仔猪补铁的时间、剂量和给药途径。
（3）熟练地完成仔猪的补铁操作。

实训要求

（1）做好实训前的各项准备工作。
（2）掌握实训的操作步骤和方法。
（3）能够严格按照实训步骤规范、安全地完成仔猪补铁的操作。
（4）记录实训过程中出现的意外情况，并及时处理。
（5）认真撰写实训报告。

实训准备

初生至10日龄的仔猪若干头、铁制剂、注射器、针头。

实训筹划

（1）熟悉仔猪补铁的时间、剂量和给药途径。
（2）熟悉仔猪补铁的操作方法。
（3）做好记录。
（4）撰写实训报告。

实训步骤

仔猪出生时体内含铁 50 mg 左右，而仔猪每天对铁的需求量在 7 mg 左右，但母乳中铁含量较低，仔猪每日从母乳中只能获得 1 mg 左右铁。因此，如不及时补铁，1 周龄左右的仔猪就会出现缺铁性贫血。其临床表现为生长缓慢或停滞、昏睡，可视黏膜苍白，被毛蓬乱无光泽，呼吸频率加快，有的仔猪因膈肌突然痉挛而死亡。仔猪贫血后抵抗力降低，易患传染病、腹泻、肺炎等，有时因缺氧而突然死亡。

常用的补铁方式是肌内注射和口服，生产中常用的方式是肌内注射，注射部位为颈部或臀部深层肌肉。注射时间是生产后 3 日龄内，注射剂量为 100～200 mg，必要时在 2 周龄加注一次。

步骤一　保定猪

操作者对仔猪进行保定。

步骤二　消毒注射部位

使用 75% 酒精消毒注射部位。

步骤三　注射铁制剂

注射器快速插入注射部位，而后慢慢推入注射液 100～200 mg，推完后注射器要慢慢抽出。

注意事项

（1）注意补铁时间，过早易造成仔猪铁中毒，超过 4 周龄的仔猪注射有机铁，可引起注射部位肌肉着色。

（2）注射铁制剂时不要盲目加大或减少剂量，补铁过多易造成机体铁中毒，补铁过少效果不明显。

（3）注射针头及注射部位的消毒，要一猪一针头，以防止交叉感染。

（4）补铁时不宜与其他药物混合使用，以免影响药效。

（5）用硫酸亚铁口服液补铁时，开瓶后应立即使用，以防氧化成有毒的高价铁，仔猪服用后会中毒。

步骤四 撰写实训报告

仔猪补铁实训报告

姓名：_____ 班级：_____ 学号：_____ 专业：_____

 实训评价

实训评价表

评价项目	分值	扣分依据	自评分值	小组评分	教师评分	熟悉程度
补铁的意义	10	表述错误不得分				基本/熟练掌握
补铁的时间	10	时间错误1处扣5分				基本/熟练掌握
补铁的部位	10	部位错误不得分				基本/熟练掌握
铁制剂的选择	10	选择错误扣5分				基本/熟练掌握
注射操作	40	操作错误1处扣5分				基本/熟练掌握
注射剂量	10	剂量错误扣10分				基本/熟练掌握
规范程度	10	不规范、混乱各扣5分				基本/熟练掌握
合计	100					
教师总体评价						

仔猪的断尾、断齿　实训十五

任务描述

根据仔猪断尾、断齿的要求，进行规范性操作。

实训目的

（1）理解仔猪断尾和断齿的意义。
（2）能熟练地剪断仔猪的犬牙。
（3）能熟练完成仔猪的断尾操作。

实训要求

（1）做好实训前的各项准备工作。
（2）掌握实训的操作步骤和方法。
（3）能够严格按照实训步骤规范、安全地完成实训操作。
（4）强调安全操作的重要性。
（5）认真撰写实训报告。

实训准备

初生仔猪若干头、断齿钳、断尾钳、碘酊、脱脂棉。

实训筹划

（1）熟悉仔猪断尾、断齿的时间。
（2）熟悉仔猪断尾、断齿的操作方法和注意事项。
（3）撰写实训报告。

实训步骤

步骤一　仔猪的断尾

仔猪断尾主要是避免在饲养密度高等异常情况下出现相互咬尾现象，但有的猪场考虑仔猪的应激、福利和劳动强度，一般不进行断尾。仔猪出生后即进行断尾，伤口较小，出血不多，易恢复。用单刃断尾器比用双刃剪刀断尾仔猪出血更少。一般以母猪阴门末端和公猪阴囊中部为断尾长短的标线。

步骤二　仔猪的剪牙

仔猪出生时，上、下颌的左、右两侧都长有锋利的犬齿，在仔猪相互争抢固定乳头过程中会伤及面颊及母猪乳头，因此要剪除新生仔猪的犬齿。剪牙的操作很简单，有专用的剪牙钳，也可以用电工斜口钳。方法是左手抓住仔猪头部后方，以拇指及食指捏住口角将其口腔打开，右手用剪牙钳从根部剪平即可。

> **注意事项**
>
> （1）仔猪断尾时，应避免断尾太短，否则创口会流血太多。
> （2）仔猪断尾时，断尾器每断一头都要消毒一次。
> （3）犬牙要剪平，不能剪得太短，以免损伤齿龈。
> （4）剪牙工具在使用前要彻底消毒，使用时每剪一头要消毒（用消毒液浸泡或酒精灯灼烧）一次，以免引起感染或交叉污染。
> （5）对发育不好的弱小仔猪可不予剪牙。

步骤三 撰写实训报告

仔猪的断尾、断齿实训报告

姓名：＿＿＿＿＿＿ 班级：＿＿＿＿＿＿ 学号：＿＿＿＿＿＿ 专业：＿＿＿＿＿＿

实训评价

实训评价表

评价项目	分值	扣分依据	自评分值	小组评分	教师评分	熟悉程度
断尾、断齿的意义	20	表述错、漏 1 处扣 4 分				基本 / 熟练掌握
仔猪断尾操作	30	操作错误 1 处扣 5 分				基本 / 熟练掌握
仔猪断齿操作	30	操作错误 1 处扣 5 分				基本 / 熟练掌握
规范程度	20	不规范、分工不明混乱扣 5 分				基本 / 熟练掌握
合计	100					
教师总体评价						

公猪的去势 实训十六

任务描述

根据公猪去势的要求,进行规范性操作。

实训目的

(1)理解公猪去势的重要性。
(2)能够完成公猪去势操作。

实训要求

(1)做好实训前的各项准备工作。
(2)掌握实训的操作步骤和方法。
(3)能够严格按照实训步骤规范、安全地完成实训操作。
(4)强调安全操作的重要性。
(5)认真撰写实训报告。

实训准备

7～20日龄的仔猪若干头、手术刀、注射器、缝合针线、75%酒精、碘酊、磺胺消炎粉、破伤风抗毒素。

实训筹划

(1)熟悉公猪去势的操作方法。
(2)注意操作的安全事项。
(3)撰写实训报告。

实训步骤

步骤一　准备和保定

公猪去势前半天停止饲喂。保定时，操作者右手握住猪的右后肢，左手抓住右侧膝前的皱襞，使其左侧卧，背向操作者，然后左脚踩住其颈部，右脚踩住其尾巴保定。

步骤二　手术摘除睾丸

操作者用左手将睾丸挤向阴囊底部，使阴囊壁绷紧，固定睾丸；然后给手术部位消毒，右手持刀，切开阴囊壁，直达睾丸固有鞘膜，左手挤出睾丸；挤出睾丸后，分离阴囊韧带和睾丸系膜，切断精索，摘除睾丸。

步骤三　术后处理

将切口内的污血、液体等清理后，撒上磺胺消炎粉。手术切口较小则不用缝合，注射破伤风抗毒素，解除保定，让其自由活动。

> **注意事项**
>
> （1）公猪去势应选择在气候温暖，没有蚊蝇的季节操作，一般在早晨、春末夏初和晚秋进行。
>
> （2）术前要禁饲、禁水 4 h；要将母猪、仔猪分开，母猪圈一定要结实，防止手术过程中母猪冲出圈舍咬伤人。
>
> （3）手术过程中切忌鲁莽，用力要适当，不要踩伤仔猪。
>
> （4）去势公猪应开两个口，不要在阴囊中缝或阴囊纵隔上切口，否则会延长切口愈合时间，不便于创腔里面的液体排出。
>
> （5）做好术后护理工作，去势公猪的圈内要打扫干净，保持干燥和卫生良好的环境，做好消毒，防止感染。注意观察，注意创腔有无发炎、出血、积液等情况，如有以上情况，则要采取措施处理。

步骤四 撰写实训报告

公猪的去势实训报告

姓名：_____ 班级：_____ 学号：_____ 专业：_____

 实训评价

实训评价表

评价项目	分值	扣分依据	自评分值	小组评分	教师评分	熟悉程度
去势的目的	10	表述错误1处扣2分				基本/熟练掌握
准备和保定	20	操作错误1处扣2分				基本/熟练掌握
摘除睾丸	30	操作错误1处扣2分				基本/熟练掌握
术后处理	20	操作错误1处扣2分				基本/熟练掌握
规范程度	20	不规范、混乱各扣5分				基本/熟练掌握
合计	100					
教师总体评价						

仔猪的断奶　实训十七

任务描述

根据仔猪断奶的要求，进行规范性操作。

实训目的

（1）理解仔猪断奶应激的严重性。
（2）掌握仔猪断奶的时间。
（3）掌握仔猪断奶的操作方法。
（4）能完成仔猪的断奶。

实训要求

（1）做好实训前的各项准备工作。
（2）掌握断奶的操作步骤和方法。
（3）能够严格按照实训步骤规范、安全地完成仔猪断奶的操作。
（4）强调安全操作的重要性。
（5）认真撰写实训报告。

实训准备

21～28日龄仔猪、补料板、料槽、自动饲槽、自动饮水器、开食料。

实训筹划

（1）掌握仔猪断奶应激综合征。
（2）熟悉仔猪断奶的操作方法。
（3）注意操作的安全事项。
（4）撰写实训报告。

实训步骤

步骤一　确定断奶时间

目前多采用早期断奶，时间4～5周龄。

步骤二　断奶

1. 一次断奶法（赶母留仔）

当仔猪达到预定断奶日龄时，将母猪移出，仔猪留原圈饲养。此法由于断奶突然，易使母猪乳房胀痛，烦躁不安，或发生乳房炎。本法操作简便，适宜工厂化养猪场使用。采用本法时，应注意对母猪在断奶前后2～3 d视膘情和泌乳情况适当减少精料和青料的饲喂量，加强对断奶仔猪的护理。

2. 分批断奶法

具体做法是在母猪断奶前7 d，先从窝中转走一部分个体较大的仔猪断奶，剩下个体较小的仔猪数日后再断奶，以便留下的仔猪能获得更多的母乳，增加断奶体重。本法的缺点是不利于母猪断奶后发情，目前一般不使用。

3. 逐渐断奶法

在断奶前4～6 d开始控制哺乳次数，第一天对仔猪哺乳4～5次，以后逐渐减少哺乳次数，使母猪和仔猪都有一个适应过程，到断奶日期再把母猪隔离出去。这种断奶方法较费人力。

4. 超早期隔离断奶（SEW）

母猪在分娩前按常规程序进行有关疾病的免疫注射，仔猪出生后保证吃到初乳，按常规免疫程序进行疫苗接种后，在10～21日龄断奶，然后仔猪在隔离条件下保育饲养。保育仔猪舍要与母猪舍及生产猪舍分隔开，根据隔离条件不同，隔离距离为0.25～10 km。

注意事项

（1）断奶过程平稳进行，减少仔猪应激现象，使其降到最低限度。

（2）做好断奶前后母猪和仔猪的饲养管理，降低仔猪的腹泻、母猪乳房炎的发生概率。

步骤三 撰写实训报告

仔猪的断奶实训报告

姓名：_____ 班级：_____ 学号：_____ 专业：_____

 实训评价

实训评价表

评价项目	分值	扣分依据	自评分值	小组评分	教师评分	熟悉程度
断奶的目的	10	表述错误1处扣2分				基本/熟练掌握
断奶的时间	5	操作错误1处扣2分				基本/熟练掌握
一次性断奶	15	操作错误1处扣2分				基本/熟练掌握
分批断奶	15	操作错误1处扣2分				基本/熟练掌握
逐渐断奶	15	操作错误1处扣2分				基本/熟练掌握
超早期隔离断奶	15	操作错误1处扣2分				基本/熟练掌握
注意事项	10	操作错误1处扣2分				基本/熟练掌握
规范程度	15	不规范、混乱各扣5分				基本/熟练掌握
合计	100					
教师总体评价						

母猪膘情测定　实训十八

任务描述

测定母猪膘情,评价母猪的饲养效果。

实训目的

(1)掌握母猪膘情测定的意义。
(2)能进行母猪膘情测定,并会根据测定结果做出判断。

实训要求

(1)做好实训前的各项准备工作。
(2)掌握实训的操作步骤和方法。
(3)能够严格按照实训步骤规范、安全地完成实训操作。
(4)强调安全操作的重要性。
(5)认真撰写实训报告。

实训准备

母猪若干头、活体背膘测定仪、耦合剂或清油、剪毛剪或剃毛器。

实训筹划

(1)完成母猪背膘评分表。
(2)熟悉母猪背膘测定的操作方法。
(3)注意操作的安全事项。
(4)撰写实训报告。

实训步骤

步骤一　保定猪

用套口器将母猪站立保定。

步骤二　确定测定部位

母猪的活体测膘多采用一点测膘方法。测量的部位位于母猪最后一根肋骨的外切横截面，距离背中线 6.5 cm 处，即为 P2 点，背中线两边对称取点都为 P2 点。

步骤三　剪毛

用剪毛剪剪去测定部位的被毛。为了避免母猪毛发对测量结果的干扰，使背膘仪探头与母猪皮肤更好地接触，需要剪掉测量点上的猪毛，可以使用剪毛剪或剃毛器，将 P2 点的猪毛剃除干净，并保持 P2 点位置的清洁。

步骤四　测定

在 P2 点处涂上耦合剂或清油，以使探头与皮肤贴合完好。因为背膘仪探头发出的超声波无法穿透空气，所以要保证探头与皮肤垂直，同时挤走中间的气泡，最好在油浸入皮肤一两分钟后开始测量，有利于软化皮肤。

步骤五　判断体况

1. 后备母猪

150 日龄，体重达到 100 kg，P2 点背膘厚应为 12～14 mm。背膘厚度低于 10 mm 和高于 14 mm 的后备母猪的初情期都会延迟。

2. 空怀母猪

母猪断奶时适宜的配种背膘厚度为 16～18 mm，这样有利于断奶后早发情和增加排卵数量；如果母猪哺乳期失重过多，背膘降到 15 mm 以下，则会导致断奶后母猪的发情延迟，利用年限缩短。

正常情况下，母猪断奶后背膘厚度会降低 3～5 mm，如果高于 5 mm，母猪断奶后就会出现乏情等问题。

3. 分娩前经产的妊娠母猪

母猪的背膘维持在 20～22 mm 比较合适，如果分娩前背膘厚度大于 22 mm，则会对产仔和泌乳有不利影响。

母猪因为品种、饲养管理、饲料、地域的不同，各养猪场之间最适合的膘情实际上存在着一定的差异化，因此以上数据仅供参考。

注意事项

（1）测定时，母猪的站姿会影响测定的读数。正常站立的情况下读数有效，其他姿势的读数会有偏差。

（2）测量部位的猪毛应尽量剪干净，必要时先用温水擦洗去痂。剪完毛先用水润湿一下再测量，数据更准确。

（3）测量时，探头与皮肤垂直接触，禁用力下压。

（4）母猪因为品种、饲养管理、饲料、地域的不同，各养猪场之间最适合的膘情实际上存在着一定的差异化。

步骤六 撰写实训报告

母猪膘情测定实训报告

姓名：_____ 班级：_____ 学号：_____ 专业：_____

实训评价

实训评价表

评价项目	分值	扣分依据	自评分值	小组评分	教师评分	熟悉程度
膘情判断的目的	10	表述错误1处扣2分				基本/熟练掌握
保定猪	10	保定不了扣2分				基本/熟练掌握
确定测定部位	10	确定错误1处扣2分				基本/熟练掌握
剪毛	10	操作错误1处扣2分				基本/熟练掌握
测定膘情	25	测定错误1处扣2分				基本/熟练掌握
判断体况	25	判断错误1处扣2分				基本/熟练掌握
规范程度	10	不规范、混乱各扣5分				基本/熟练掌握
合计	100					
教师总体评价						

猪场饲料计划的编制　实训十九

任务描述

根据猪群的存栏数和日粮定额,编制猪场饲料计划。

实训目的

会编制猪场的饲料计划。

实训要求

(1)熟练掌握相关基础知识。
(2)做好实训前的各项准备工作。
(3)掌握实训的操作步骤和方法。
(4)能够严格按照实训步骤规范、安全地完成实训操作。
(5)认真撰写实训报告。

实训准备

猪群存栏数、日粮定额、计算器、计算机等。

实训筹划

(1)了解猪场猪群的存栏数和日粮定额。
(2)根据猪群的存栏数和日粮定额,测算猪场的阶段性耗料量。
(3)根据耗料量测定饲料的供应量。
(4)撰写实训报告。

实训步骤

步骤一　测算不同类型猪群和全场的阶段耗料量

根据猪群头数和日粮定额,测算不同类型猪群和全场的阶段耗料量,一般以每天、每周、每季和每年测算。测算公式为:

某类猪群某阶段饲料需要量＝某类猪群头数×日粮定额×某阶段天数

由上式计算出各类猪群每天、每周、每季(计13周)、每年(计52周)的饲料需要量。

步骤二　安排各种配合饲料的季度供应量计划

根据测算结果,按0.5%的饲料损耗率,安排各种配合饲料的季度供应量计划。

例:表19-1是某万头商品猪场常年存栏数及日粮定额,请编制该猪场的饲料供应计划。

表 19-1　万头商品猪场常年存栏数及日粮定额

猪群类别	日粮定额 /kg	常年存栏猪群头数 / 头
种公猪	2.5	22
后备公猪	2.2	8
青年母猪	2.1	56
空怀配种母猪	2.0	135
妊娠前期母猪	2.2	144
妊娠后期母猪	2.5	144
哺乳期母猪	5.0	138
哺乳仔猪	0.3	1 150
保育仔猪	0.9	1 035
育肥猪	1.75	2 548
总计		5 380

(1)根据猪群头数和日粮定额,测算不同类型猪群和全场的阶段耗料量,一般以每天、每周、每季和每年测算,见表19-2。

表 19-2　万头商品猪场饲粮需要量测算表

单位:kg

猪群类别	每天	每周	每季	全年
种公猪	55	385	5 005	20 020
后备公猪				
青年母猪				

(续表)

猪群类别	每天	每周	每季	全年
空怀配种母猪				
妊娠前期母猪				
妊娠后期母猪				
哺乳期母猪				
哺乳仔猪				
保育仔猪				
育肥猪				
总计				

（2）根据表 19-2 测算结果，按 0.5% 的饲料损耗率，安排各种配合饲料的季度供应量计划，并填入表 19-3 中。

表 19-3　季度饲料损耗量与供应量

单位：kg

配合饲料类别	日均用量	季需要量	损耗量	季供应量
种公猪料	55	5 005	25	5 030
后备公猪料				
青年母猪料				
空怀配种母猪料				
妊娠前期母猪料				
妊娠后期母猪料				
哺乳期母猪料				
哺乳仔猪料				
保育仔猪料				
育肥猪料				
总计				

注意事项

（1）猪场应按照实际需求量采购，避免出现过量存储、浪费饲料、饲料质量下降的情况。

（2）采购饲料到达猪场后，应对饲料进行严格的质量检查，以确保饲料的质量符合相关标准和要求。

（3）饲料库房应具有相应的防潮、防虫、防火等功能，并控制温度和湿度等参数，以确保饲料的质量和安全。

步骤三　撰写实训报告

猪场饲料计划的编制实训报告

姓名：_____　班级：_____　学号：_____　专业：_____

实训评价

实训评价表

评价项目	分值	扣分依据	自评分值	小组评分	教师评分	熟悉程度
阶段耗料量	50	计算错误1处扣5分				基本/熟练掌握
饲料供应量	50	计算错误1处扣5分				基本/熟练掌握
合计	100					
教师总体评价						

项目二

猪病防治

实训二十　猪场的消毒

任务描述

配制消毒液，给猪场的圈舍、用具、地面、猪体等消毒。

实训目的

（1）能够配制常用消毒液。
（2）掌握猪场的圈舍、用具、地面、猪体等消毒的方法。
（3）会给猪场消毒。

实训要求

（1）熟练掌握相关基础知识。
（2）做好实训前的各项准备工作。
（3）了解消毒药的特点，会科学使用消毒药，并注意使用的安全事项。
（4）掌握实训的操作步骤和方法。
（5）能够严格按照实训步骤规范、安全地完成实训操作。
（6）认真撰写实训报告。

实训准备

粗制苛性钠、95%乙醇、40%福尔马林、高锰酸钾、生石灰、天平、量筒、烧杯、移液管、玻璃棒、研钵、喷雾消毒器、台秤、桶、盆、清扫工具、工作服、橡胶手套、高筒胶鞋、记录表等。

实训筹划

（1）复习猪场消毒的相关知识，熟悉消毒的方法、常用的消毒药等相关知识。
（2）做好消毒液配制的准备工作。
（3）配制消毒液。
（4）进行猪场的消毒，并做好记录。
（5）撰写实训报告。

步骤一　配制消毒剂

根据消毒对象和消毒目的的不同，选择消毒药物，配制消毒液。

1. 液体消毒剂的配制

（1）根据所需浓度计算用量。

①反比法计算用量公式：

$$C_1 \times V_1 = C_2 \times V_2$$

式中，C_1 为原药液浓度，V_1 为原药液体积，C_2 为待配药液浓度，V_2 为待配药液体积。

例：现有95%酒精，欲配制75%酒精100 mL，需要95%酒精多少毫升？需要水多少毫升？

$95\% \times V_1 = 75\% \times 100$，$V_1 = 79$ mL；

水的用量 = $V_2 - V_1 = 100 - V_1 = 21$ mL。

②交叉法计算用量。

例：将95%乙醇和40%乙醇配制成70%乙醇，需要95%乙醇和40%乙醇各多少毫升？

先画一张方形图，在图中央写上所要配制消毒液的浓度（70%），方形图的左上、下角分别是现有消毒液的浓度（95%、40%）。如图20-1所示，对角线上的两个数字是以大数减小数得出的，即需要95%乙醇和40%乙醇的数量。

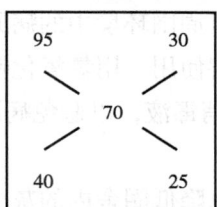

图20-1　方形图

其计算结果为：取95%乙醇30 mL和40%乙醇25 mL混合均匀，可配得70%乙醇。

（2）根据计算出的用量进行配制，并混合均匀即可。

2. 固体消毒液的配制

忽略固体的体积，采用粗配即配制n%的某消毒液，称取n g固体消毒剂溶解在100 mL水中。如配制2%的氢氧化钠，可以称取2 g氢氧化钠加入100 mL水中混合均匀。

步骤二　清扫（清洗）

对饲养用具、运输工具、猪舍、场区等进行清扫和清洗。

步骤三 消毒

清扫（清洗）后，选择适宜的消毒方法（如喷雾、喷洒、熏蒸等）进行消毒。

1. 场区和生活区门口的消毒

在场区和生活区的出入口处设置消毒池，并设置人员消毒通道，对进出场区和生活区的车辆轮胎及养殖场工作人员的鞋底进行消毒，消毒药可采用氢氧化钠溶液。

2. 工作人员的消毒

在养殖场工作人员进入生产区之前，必须经过消毒间淋浴，更换工作衣、帽、胶鞋，脚踏消毒池。

3. 圈舍、用具的消毒

用喷雾法消毒，首先，对圈舍地面、饲槽等用清水冲洗，防止灰尘和病原体飞扬；其次，用清扫工具进行彻底的清扫，将垫草、粪便及残余的饲料等清除，并按照粪便消毒法进行处理；最后，用化学消毒液进行消毒。消毒液的用量根据圈舍的大小确定，一般按照每平方米 500 mL 计算。

4. 空圈熏蒸消毒

首先，清洗圈舍，计算圈舍的面积（按 30 mL/m^3 计算用量）；其次，用陶瓷容器盛放称好的福尔马林溶液（按猪舍面积均匀放开）；最后，放入高锰酸钾。放入高锰酸钾时的动作要快，以免溶液溢出，烧伤皮肤，并迅速离开现场，封闭门窗。一般 24 h 后即可打开门窗，待消毒液药味消散后，即可让猪返回圈舍。按照福尔马林（40%）30 mL/m^3、高锰酸钾 15 g/m^3 计算用量，两者比例为 2∶1。

5. 场区消毒

对于生产场区，为了消灭场区周围环境中的病原微生物，需要定期消毒。一般情况下，每周进行 1 次，消毒液交替使用。用氢氧化钠溶液消毒，过一段时间后可选用 0.2% 的过氧乙酸消毒。轮换使用消毒液，以避免病原微生物产生耐药性。

6. 猪体消毒

常用喷雾法进行消毒，既可以降低圈舍内的灰尘，又可以减少畜体及周围环境中的病原微生物。给猪消毒最常用的消毒液是过氧乙酸，含量一般在 0.2%～0.3%。一般情况下，每周消毒 1 次；疾病多发季节，每周消毒 2 次。

7. 粪便消毒

（1）生物热消毒法。一般采取粪便发酵自身产生的热量杀灭病原微生物，即干粪经过堆积自然发酵用作肥料。干粪堆肥处理是对粪便进行处理的一种方法，微生物的作用可将粪便中的有机物分解成稳定物质。

（2）化学药品消毒法。用 20% 石灰乳溶液或者 5% 含氯漂白粉溶液，与粪便混合后消毒。

注意事项

（1）消毒最好选择晴天，消毒前应彻底清除栏舍内的垫草、粪、尿、残料等垃圾，清洁墙面、顶棚、水管等处尘埃。

（2）充分了解猪场疫病流行情况与病原体的特征，选择针对性强的消毒剂。

（3）充分了解不同种类消毒剂的特性，严格按照产品说明正确使用，计量配制，应现用现配，混合均匀，保持合适的浓度、溶液pH值、环境温度、作用时间。

（4）不可盲目地将不同种类消毒剂混合使用。

（5）消毒剂要有效接触消毒表面，并维持尽可能长的作用时间。

（6）定期更换消毒剂，避免病原体产生耐药性。

步骤四 撰写实训报告

猪场的消毒实训报告

姓名：_____ 班级：_____ 学号：_____ 专业：_____

 实训评价

实训评价表

评价项目	分值	扣分依据	自评分值	小组评分	教师评分	熟悉程度
计算用量	20	计算方法错误扣 10 分				基本 / 熟练掌握
称 / 量取药液	10	称量错误扣 5 分				基本 / 熟练掌握
消毒对象	10	消毒对象错误 1 处扣 5 分				基本 / 熟练掌握
消毒药物	10	消毒药选用不当 1 处扣 2 分				基本 / 熟练掌握
作用浓度	10	作用浓度不当 1 处扣 2 分				基本 / 熟练掌握
作用时间	10	作用时间不足 1 处扣 2 分				基本 / 熟练掌握
消毒方式	10	消毒方式不当 1 处扣 2 分				基本 / 熟练掌握
规范程度	20	顺序不规范、混乱各扣 5 分				基本 / 熟练掌握
合计	100					
教师总体评价						

猪的前腔静脉采血 实训二十一

任务描述

保定猪，进行前腔静脉采血。

实训目的

能够进行猪前腔静脉采血。

实训要求

（1）熟练掌握相关基础知识。
（2）做好实训前的各项准备工作。
（3）了解猪前腔静脉采血的部位。
（4）掌握实训的操作步骤和采血方法。
（5）能够严格按照实训步骤规范、安全地完成采血操作。
（6）认真撰写实训报告。

实训准备

保定绳、无菌注射器与针头、记号笔、标签、医用碘酒、医用棉球、医用酒精、保温箱、冰块。

实训筹划

（1）复习猪病诊断的相关知识，熟悉实验室诊断等相关知识。
（2）做好采血的准备工作。
（3）保定猪。
（4）采血并保存血样，及时送检。
（5）撰写实训报告。

实训步骤

步骤一　保定猪

用金属保定器套住猪的上颌骨，向猪头的前上方用力牵引，并将猪的上颌骨吊起，使猪头颈部底侧成一条直线，头颈向上扬起30°左右；小猪可采用抓举保定。

步骤二　确定部位

猪的前腔静脉是汇集头部、颈部、前肢静脉血液流入心房之前的一段血管，操作者用右手触摸胸骨柄最高点至第一对肋骨间1 cm处，在第一对肋骨间胸腔入口处的气管腹侧面，由左右两侧颈静脉和腋静脉在胸前汇合形成，横径视猪只大小有5～10 mm。

采血猪被保定呈后退姿势，拉直颈部，头向后扬起后可见猪胸部两侧第一对肋骨与胸骨结合处前侧（胸骨柄两侧旁开2 cm左右）各有一个前腔静脉凹陷窝。越靠近头部越浅，横径越细；越靠近胸部越深，横径越粗。操作中要根据猪的体重选择入针部位靠前还是靠后。中大猪血管横直径粗，肌肉和脂肪层厚，宜选择靠前偏向气管部位；小猪血管横直径细，肌肉和脂肪层薄，宜选择靠后部位。另外，因为左侧迷走神经较多且靠近膈神经（若刺中神经，猪会出现呼吸困难，全身发紫抽搐），所以在右侧采血为宜。

步骤三　消毒

采血前用碘酊、酒精对采血部位的皮肤进行清洁消毒处理。

步骤四　采血

手持注射器对准采血部位，由下而上垂直向凹陷窝方向进针，由于肌肉和脂肪在手感上会有一定阻力感觉，进针后拉紧针管活塞使针筒内呈负压状态，扎破前腔静脉壁。进入前腔静脉时会有阻力减弱，甚至消失的感觉，随即血液流入针筒。若没有血液流出，说明位置或者深浅度不准，没有扎中血管，可以上下、左右微调针头，直到有血液流入针管。

步骤五　保存送检血样

根据采血的目的选无菌抗凝血或非抗凝管，将一次性注射器内新鲜采集的血液沿着管壁轻轻打入，然后静置记录编号、猪别、采血日龄、猪只体况及临床表现、所属猪场单位等基本信息后，45°倾斜放置有冰块的保温箱内，避免震荡，及时送检。

注意事项

（1）猪的大小不同，前腔静脉的深浅也不同，应根据猪的大小选用合适的注射器及针头，保持清洁干燥，最好使用一次性的。

（2）按照猪体大小，采用不同保定方式。保定猪时，动作不宜粗暴，要尽量使用抚摸动作，使其安静。特别在套鼻捻圈套或金属圈环时，要避免人被咬伤或猪的口腔受伤。

（3）猪的前腔静脉越往头部越浅，也越细；越靠胸部越粗，也越深，所以采血进针时要掌握好一定的方向、角度和深度，要及时调整。给仔猪采血时，不能用力太猛、太深，以免伤及心包或心脏且在右侧采血为宜。

（4）采到血液后，45°倾斜放置有冰块的保温箱以防止血液变质，送检过程中避免震荡。

步骤六 撰写实训报告

猪的前腔静脉采血实训报告

姓名：_____ 班级：_____ 学号：_____ 专业：_____

# 实训评价

实训评价表

评价项目	分值	扣分依据	自评分值	小组评分	教师评分	熟悉程度
保定猪	10	保定方法错误扣 5 分				基本 / 熟练掌握
采血部位	15	采血部位错误扣 5 分				基本 / 熟练掌握
消毒	10	消毒方法不当扣 5 分				基本 / 熟练掌握
穿刺进针	30	穿刺进针不当、采不出血各扣 10 分				基本 / 熟练掌握
血样保存送检	15	保存方法不当扣 10 分				基本 / 熟练掌握
规范程度	20	操作不规范、混乱各扣 5 分				基本 / 熟练掌握
合计	100					
教师总体评价						

病猪的尸体剖检及病料的采集送检

实训二十二

任务描述

对病猪进行外观检查，剖检、采集病料并送检。

实训目的

（1）掌握病猪尸体解剖的方法，并能对病猪的尸体进行解剖。
（2）对解剖后呈现出的病理现象、特征性的病理变化进行识别和描述。
（3）能正确进行采集病料操作。
（4）能对采集的病料进行合理的保存和送检。

实训要求

（1）熟练掌握相关基础知识。
（2）做好实训前的各项准备工作。
（3）了解猪的骨骼构造、病料采集和保存的方法。
（4）掌握实训的操作步骤和方法。
（5）能够严格按照实训步骤规范、安全地完成实训操作。
（6）认真撰写实训报告。

实训准备

濒临死亡的猪或者病死猪、75%酒精、2%碘酊、生理盐水、酒精灯、50%甘油、生理盐水、消毒棉球、消毒药品（3%来苏尔水、新洁尔灭、84消毒液等）、固定液（10%甲醛溶液、95%酒精或饱和食盐水等）、解剖器械1套（解剖刀、剪子、镊子、骨剪、骨锯、手术刀等）、棉线、吸水纸片、脱脂棉或纱布、塑料袋、注射器、标本缸、广口瓶、平皿、甲醛、工作服、胶靴、围裙、橡胶手套、肥皂、毛巾、水桶、脸盆、解剖盘、保温瓶等。

实训筹划

（1）复习猪病诊断的相关知识，熟悉病理检查、实验室诊断等相关的知识。
（2）做病猪尸体剖检前的准备工作。
（3）解剖病猪尸体，进行病理检查，并做好记录。
（4）采集病料，合理保存，及时送检。
（5）撰写实训报告。

实训步骤

步骤一　准备工作

穿工作服、胶靴，戴工作帽、胶皮手套，做好准备工作。

步骤二　检查外观

在对病猪尸体剖检前，先对其品种、毛色、营养状况、天然孔、皮肤、蹄及体表淋巴结进行全面的检查。检查四肢、眼结膜的颜色、皮肤等有无异常，皮肤有无脱毛、创伤、充血、淤血、疹块、肿胀，乳房是否肿胀及体表有无寄生虫，蹄部有无水泡烂斑，下颌淋巴结是否有肿胀现象等。检查肛门附近有无粪便污染。若天然孔出血而怀疑炭疽时，先进行猪体末梢部位无菌采血涂片染色镜检，一旦确诊炭疽，则尸体严禁剖检。

步骤三　解剖尸体与病理检验

一般病猪的尸体剖检和病理检验同步进行，边剖检边检验，以便及时观察到新鲜病变。

（1）固定尸体。置死猪呈背卧位姿势，切断其四肢内侧的肌肉和髋关节的圆韧带，使其四肢平摊在地上，固定尸体，保持不倒。

（2）剥皮。根据诊断需要及皮的利用价值，可采用全剥皮或部分剥皮。病猪尸体背卧，从下颌间隙向后直至尾根，沿腹侧正中线做一纵切口，应绕开生殖器、肛门等部位，在四肢内侧与正中线处垂直切开皮肤，止于腕、跗关节做一环状切线，随后剥皮。在剥皮的同时进行皮下检查，检查皮下有无充血、出血、淤血、炎症、水肿等现象，同时检查体表淋巴结的颜色、体积，然后纵切或横切，观察切面的变化。

（3）检查关节肌肉。剥皮后检查四肢关节有无异常，同时检查肌肉的变化，是否有肌肉变软、变白、多水现象。

（4）剖开腹腔。由剑状软骨向耻骨联合，沿腹正中线切开腹壁，然后沿肋骨弓向左右切开，再从耻骨联合处向左右切开，暴露腹腔器官。腹腔切开后，先检查腹腔脏器的位置和有无异物等。观察腹腔中有无胃肠破裂、有无渗出物；渗出液的数量、颜色和性状，腹膜及腹腔器官浆膜是否光滑，肠壁有无粘连；对腹腔及骨盆腔的脏器进行检验，对实质性器官观察其大小、光滑度、硬度，有无肿胀、结节、变性、坏死、出血、充血等；对于管腔脏器，看浆膜、黏膜的变化及内容物的变化。

（5）剖开胸腔。在剖开之前应检查是否存在气胸，在胸壁第五至第六肋间，用刀尖刺一小口，此时如听到有空气进入，同时膈后移，即为正常。切断肋软骨和胸骨连接部，切开膈肌，将刀伸入胸腔划断肋骨和胸椎连接部的胸膜和肌肉，然后双手按压两侧胸壁肋骨，敞开胸腔，取出心肺检查。观察是否存在胸腔积液，胸膜有无纤维素性渗出物。

（6）在下颌骨内侧切开，取出舌及喉头气管，观察扁桃体是否有肿胀、化脓、坏死，检查舌有无出血溃疡，喉头是否有出血。

（7）检查心脏是否有心包积液，积液的量是多少，有无纤维素渗出物；心冠脂肪是否存在出血；心肌是否松软；心外膜是否有出血斑，是否有坏死灶；心脏大小、重量。切开心脏，检查心瓣膜有无赘生物及心内膜是否出血。

（8）检查气管和肺。观察气管内有无泡沫状液体及液体颜色，气管黏膜有无充血。检查肺的颜色、体积、光泽、硬度，观察是否淤血、出血、水肿。

（9）观察脾的形态、大小、颜色，有无出血、梗死或坏死。检查其质地是坚硬、柔软或是质脆，其切面是否外翻，刀刮切面检查刮取物数量。

（10）检查肝脏。观察肝的体积、颜色、形态。观察是否存在出血、淤血、变性和肝硬化现象。

（11）检查胰脏。观察其形态、大小、颜色。

（12）检查肾及肾上腺。检查肾脂肪囊的脂肪，有无出血和脂肪坏死。剥离脂肪囊检查肾脏的大小、颜色、光滑度，观察是否存在出血、淤血现象，以及肾脏是否存在脂肪变性和颗粒变性。将肾切开，检查肾被膜是否易剥离，检查切面的颜色、纹理。检查肾盂内容物的形状、数量。检查肾上腺的外形、大小、颜色，然后纵切检查皮质与髓质的厚度比例。

（13）检查膀胱。首先，检查其充盈程度，浆膜有无出血等变化。其次，从基部剖开检查尿液的色泽、性状，有无结石。最后，翻开膀胱检查内膜有无出血、溃疡等。

（14）检查生殖器官。取出阴道、子宫、卵巢，剪开阴道、子宫颈、子宫体及子宫角，观察黏膜颜色、有无出血、内容物性状；妊娠母猪还要检查羊水、胎衣、胎儿。对公猪检查包皮、阴茎、睾丸。

（15）剖开颅腔，检查脑。首先，将头从第一颈椎处分离下来，去掉头顶部肌肉，在眶上突后缘的额骨上锯一条横锯线。其次，在锯线的两端沿颞骨到枕骨大孔中线各锯一条线，用斧头和骨凿除去颅顶骨，露出颅腔。检查有无出血、坏死、萎缩等情况。

（16）检查鼻腔。在第二臼齿前缘锯断上颌骨，检查鼻中隔及鼻甲骨是否发生病变。

（17）检查胃肠。首先，观察胃的大小、浆膜有无出血，检查胃内容物的数量和性状，胃壁是否肿胀，黏膜是否存在出血和溃疡。其次，检查猪各段肠管的浆膜有无出血，肠系膜淋巴结是否肿胀、充血、出血，黏膜是否出血、肿胀、溃疡。

在剖检时可根据实际情况灵活改变程序。剖检要及时，病死猪角膜混浊、下腹发绿的尸体已无剖检价值。

步骤四 采集与保存病料

1. 病料采集

采集病料坚持无菌原则，病理组织的采样要全面且具有代表性，根据不同疾病采集不同的脏器或内容物，在无法预估是某种疾病时，可进行全面采集。微生物检验病料应于病猪死后立即进行，或在临死前扑杀后采取。采样时尽量避免外界污染，无菌采集后放入预先消毒的容器中。所用器械均应做灭菌处理，采集一种病料应用一套器械，不可用其再采集其他病料。

（1）脓汁。用灭菌棉签或灭菌注射器收集后放入消毒试管中。

（2）淋巴结及内脏。将淋巴结、肺、肝、脾、肾等有病变的部位采集厚度为 5 mm，面积 $1\sim 3\ cm^2$ 的组织块，置于灭菌容器中。若供病理组织学检查，则采取的病料应选择病变明显的部位，而且应包括病变组织和周围正常组织，并应多采取几块。

（3）血液。无菌采取 10 mL 血液置灭菌试管中，析出血清供血清学检查。供血常规检查的血液 9 mL 加入 3.8%枸橼酸钠溶液 1 mL 置灭菌试管中轻摇混合。

（4）胆汁。用烧红的热金属片烧烙胆囊表面，用灭菌注射器吸取胆汁，放入灭菌试管中。

（5）肠。用线扎紧一段肠道的两端，然后将两端切断，放入灭菌试管中。

（6）水疱性疾病采取水疱皮、水疱液放入 50%甘油缓冲盐水中。

（7）流产胎儿整个装入不透水的容器内。

（8）脑、脊髓。如采取脑、脊髓做病毒检查，可将脑、脊髓浸入 50%甘油盐水溶液中；如供病理组织学检查，则将其固定于包音氏液中。

2. 病料保存

（1）病理组织学检查材料。要想使试验诊断得出正确结果，除采取适当的病料外，还需使病料保持或接近新鲜状态，为此需对病料进行处理。采用 10%福尔马林溶液（市售福尔马林溶液 1 份加蒸馏水 9 份）或 95%酒精等进行固定。固定液体的体积应为病料的 10 倍。如用 10%福尔马林溶液固定组织，经 24 h 必须更换一次新鲜溶液。神经系统组织不仅使用 10%福尔马林溶液，还须加入 5%～10%的碳酸镁。

（2）细菌检查病料。一般使用灭菌的液体石蜡、30%甘油缓冲盐水或饱和氯化钠溶液保存病料。

（3）病毒学检验材料。一般使用 50%甘油缓冲盐水，需做组织学检查的材料最好使用包音氏液。

（4）中毒病检查材料。转入清洁的容器，密封后在冷藏条件下保存。

步骤五 送检病料

送检病料的容器必须结实严密，不可因容器破损而污染环境。最好使用双重容器，将盛有病料的容器封口后置于内容器中，容器内衬垫废纸。当气温高时，须加冰块，但要避免病料标本直接与冰块接触，以免冻结。将内容器置于外容器中，外容器内应以废纸等衬垫，并将外容器密封好。

病料送检时，应随同送检尸体剖检记录、流行病学、临床症状、发病后的治疗措施等相关资料，注明送检的目的和要求，病料名称和数量。送检越快越好，避免病料接触高温和阳光，导致病料腐败或病原体死亡。

注意事项

（1）采集病料要及时，应在死后立即进行，以防组织变性和腐败。采集时间一般不超过6 h，夏季最好不超过4 h，北方的冬季可适当延长。对濒死期的猪，可直接致死后采集。

（2）剖检之前应先对病情、病史进行了解和记录，并详细记录剖检前后的病理变化，确诊为炭疽尸体严禁剖检。

（3）采集病料应选择症状和病变典型的病例，最好同时选择几种不同病程的病料。另外，为了防止单一动物病料引起误诊，在采集病料时应多采集几个动物的病料。

（4）为减少污染，一般先采集微生物检验病料，再结合病理剖检，采集病理检验材料等。

（5）采集的病料要尽快检查，以防腐败。如不能立即检查，可暂时保存于冰箱的冷藏室或阴凉的角落，但不可冻结保存。自己无条件检查须送检时，应在病料中加入适当的保存液，使病料尽量保持新鲜或接近新鲜状态。

步骤六 撰写实训报告

病猪的尸体剖检及病料的采集送检实训报告

姓名：_____ 班级：_____ 学号：_____ 专业：_____

 实训评价

实训评价表

评价项目	分值	扣分依据	自评分值	小组评分	教师评分	熟悉程度
准备工作	5	准备不充分扣2分				基本／熟练掌握
外观检查	5	观察记录，错误1处扣2分				基本／熟练掌握
尸体固定解剖	5	操作熟练、规范，错误1处扣2分				基本／熟练掌握
胸腔器官的检查	10	描述名称和病理变化，错误1处扣2分				基本／熟练掌握
腹腔器官的检查	10	描述名称和病理变化，错误1处扣2分				基本／熟练掌握
颅腔剖开检查	10	描述名称和病理变化，错误1处扣2分				基本／熟练掌握
鼻腔剖开检查	10	描述名称和病理变化，错误1处扣2分				基本／熟练掌握
病理组织学检查材料采集保存	10	描述名称和病理变化，正确采集保存，错误1处扣2分				基本／熟练掌握
微生物检查病料采集保存	10	描述名称和病理变化，正确采集保存，错误1处扣2分				基本／熟练掌握
中毒病检查材料采集保存	10	描述名称和病理变化，正确采集保存，错误1处扣2分				基本／熟练掌握
病料送检	5	正确的包装、送检，错误1处扣2分				基本／熟练掌握
规范程度	10	顺序不规范、混乱各扣5分				基本／熟练掌握
合计	100					
教师总体评价						

猪群的免疫程序制定及免疫接种

实训二十三

任务描述

制定免疫程序，进行疫苗免疫接种。

实训目的

（1）学会制定猪常见传染病免疫程序。
（2）能够进行常用疫苗的接种。

实训要求

（1）熟练掌握猪传染病的相关基础知识。
（2）做好实训前的各项准备工作。
（3）了解猪场的发病情况。
（4）掌握实训的操作步骤和方法。
（5）能够严格按照实训步骤规范、安全地完成实训操作。
（6）认真撰写实训报告。

实训准备

猪场所在地传染病调查资料或猪场发病资料、猪场主要传染病抗体水平监测结果、75%酒精、5%碘酊、疫苗、金属注射器（2 mL、5 mL、10 mL、20 mL等）、玻璃注射器（2 mL、5 mL、10 mL、20 mL等）、一次性注射器、针头（兽用12～14号）、消毒锅、高压灭菌锅、纱布、脱脂棉、镊子、剪毛剪、体温计、搪瓷盆等。

实训筹划

（1）复习猪传染病等相关知识。
（2）了解猪场的发病情况及近几年的免疫程序和免疫效果。
（3）合理制定免疫程序。
（4）进行免疫接种。
（5）做好免疫记录。

（6）撰写实训报告。

实训步骤

步骤一　确定免疫的疫病

根据本地猪传染病发生种类调查结果、猪体抗体状况、动物的发病日龄和发病季节、免疫间隔时间及疫病监测情况，分析在本地区或养殖场内常发疫病的危害程度，以及周围威胁较大的疫病流行分布情况，确定免疫的疫病。

步骤二　选择免疫时间

对需要终身免疫的传染病，要根据定期检测的抗体水平情况确定首免和再免的时间。对于新生仔猪，还要根据其母源抗体的水平确定首免时间，以防止母源抗体对免疫效果造成干扰。

步骤三　确定免疫程序方案

分析疫苗的类型、接种的方法、疫苗产生免疫力的时间、免疫的持续时间等，确定适合本区域或养猪场的免疫程序。

步骤四　免疫接种

最常用的疫苗接种方法是肌内或皮下注射法，使用疫苗时要注意免疫接种的方法，如疫苗的接种方法不当，有时会产生严重的后果。如猪瘟兔化弱毒疫苗和猪繁殖与呼吸综合征灭活疫苗等可采用肌内注射接种、伪狂犬病疫苗等可采用滴鼻接种、仔猪副伤寒活疫苗和多杀性巴氏杆菌活疫苗等可采用经口服免疫接种、猪传染性胃肠炎和流行性腹泻疫苗二联苗采用猪后海穴接种效果好。

注意事项

（1）首次使用某种疫苗时，要进行小范围的试用，确定无严重不良反应后才可进行大面积使用。

（2）接种前应进行健康检查，对幼小的、年老的、妊娠后期的、精神食欲和体温不正常的、发病的、瘦弱的、刚去势的等，不宜接种或暂缓接种。

（3）注射前检查疫苗的外观质量，对疫苗瓶有破损、密封不严、无标签或不完整、超过有效期、出现分层、色泽改变等情况，一律不得使用并按要求妥善销毁。

（4）活疫苗稀释时轻轻画圈溶解，不能过分震荡，防止产生气泡和降低效价。稀释后的疫苗要放在冷藏箱内，并限时3 h内用完。

（5）注射活疫苗时，不能用碘酊消毒，只能用75%酒精消毒，待干燥后进行接种。

（6）操作时用过的器具、针头要及时消毒，用过的疫苗瓶和没用完的疫苗要深埋，防止病毒和活菌的散布。

（7）接种疫苗前后数日应尽可能避免猪产生应激，否则会影响免疫效果。

（8）注射活疫苗前后 7 d 不应使用任何抗菌、抗病毒、免疫抑制剂药物。

（9）接种疫苗后注意观察猪的反应，如果在接种疫苗后可能发生急性过敏反应，则立即用抗过敏药物进行急救。

步骤五　撰写实训报告

猪群的免疫程序制定及免疫接种实训报告

姓名：_____　班级：_____　学号：_____　专业：_____

 实训评价

实训评价表

评价项目	分值	扣分依据	自评分值	小组评分	教师评分	熟悉程度
免疫病种确定	10	确定错误或漏 1 处各扣 5 分				基本 / 熟练掌握
疫苗选择	15	疫苗选择不当 1 处扣 5 分				基本 / 熟练掌握
免疫方式	15	免疫方式不当 1 处扣 5 分				基本 / 熟练掌握
免疫程序	30	免疫程序不当 1 处扣 2 分				基本 / 熟练掌握
免疫接种记录	20	记录错误或漏 1 处各扣 5 分				基本 / 熟练掌握
规范程度	10	顺序不规范、混乱各扣 5 分				基本 / 熟练掌握
合计	100					
教师总体评价						

猪常见寄生虫病的实验室诊断

实训二十四

任务描述

采集猪的粪便，进行寄生虫病的实验室诊断。

实训目的

（1）学会粪便采集的方法。
（2）学会各种粪便检查操作技术，能正确识别检出的虫卵。

实训要求

（1）熟练掌握相关基础知识。
（2）做好实训前的各项准备工作。
（3）了解虫卵的形态，并能正确识别。
（4）掌握实训的操作步骤和方法。
（5）能够严格按照实训步骤规范、安全地完成实训操作。
（6）认真撰写实训报告。

实训准备

纱布、棉签或牙签、猪粪便、饱和盐水、显微镜、天平、粪盒（或塑料袋）、60目（0.25 mm）金属筛、260目（0.06 mm）尼龙筛、玻璃棒、塑料杯、烧杯（100 mL、250 mL、500 mL）、500 mL三角瓶、离心管、漏斗、离心机、试管、试管架、胶头滴管、载玻片、盖玻片、污物桶等。

实训筹划

（1）复习猪场寄生虫病的相关知识，熟悉寄生虫虫卵的形态结构。
（2）做好寄生虫病实验室诊断的准备工作。
（3）采集猪的粪便。
（4）粪便的检查操作，诊断猪病。
（5）撰写实训报告。

实训步骤

步骤一　采集与保存粪便

1. 粪便的采集

要求被检粪便新鲜,最好从直肠采集。操作者套上塑料指套,可将食指或中指伸入猪直肠,钩取粪便。采取自然排出的粪便,需采取粪堆和粪球上部或中间未被污染的粪便。采取的粪便按头编号,并将其装入清洁的容器内,采集用品最好一次性使用,如无条件时则每次都要清洗,相互不能有污染。

2. 粪便的保存

采取的粪便应尽快检查,否则应放在冷暗处或冰箱中冷藏。因当地不能检查而须送(寄)出,或须长期保存时,可将粪便浸入加温至 50～60 ℃ 的 5%～10% 的甲醛溶液中,既使粪便中的虫卵失去生活能力,起固定作用,又不改变形态,还可以防止微生物的繁殖。

步骤二　实验室诊断

1. 尼龙筛淘洗法

取 5～10 g 粪便置于烧杯(塑料杯)中并编号,加 10 倍量水后用 60 目金属筛滤入另一烧杯中,然后将尼龙筛网依次浸入 2 只盛水器皿(桶或盆)内,并反复用光滑的圆头玻璃棒搅拌网内粪渣,直至粪便中的杂质全部洗净为止。最后用少量清水淋洗筛壁四周及玻璃棒,使粪渣集中于网底,用吸管吸取粪渣滴于载玻片上,加盖玻片镜检。

2. 粪便沉淀检查法

(1)彻底洗净沉淀法。取 5～10 g 粪便置于烧杯(或塑料杯)中,加 10～20 倍量水充分搅匀,再用金属筛或纱布过滤至另一烧杯中,滤液静置 20 min 后倾去上层液,再加入水与沉淀物重新搅匀,静置 30 min,再倾去上层液,如此反复水洗沉淀物多次,直至上层液透明为止。最后倾去上清液,用吸管吸取沉淀物滴于载玻片上,加盖玻片镜检。

(2)离心机沉淀法。取 3 g 粪便置于烧杯中,加 10～15 倍水搅拌混和,然后将粪液用金属筛或纱布滤入离心管中,在电动离心机中以 2 500～3 000 r/min 的速度离心沉淀 1～2 min,取出后倾去上层液,再加水搅均后离心沉淀。如此离心沉淀 2～3 次,最后倾去上层液,用吸管吸取沉淀物于载玻片上,加盖玻片镜检。

3. 饱和盐水漂浮法

取 5～10 g 粪便置于 100～200 mL 烧杯(或塑料杯)中,加入少量漂浮液(饱和盐水)搅拌混合后,继续加入约20倍的漂浮液,然后将粪便用 60 目或 80 目(0.18 mm)金属筛或纱布滤入另一烧杯中,舍去粪渣。静置滤液,经 40 min 左右,用直径 0.5～1.0 cm 的金属圈平着接触滤液面,提起后将粘着金属圈上的液膜抖于载玻片上,如此多次蘸取不同部位的液面后，加盖玻片镜检。

4. 浮聚法

取 2 g 粪便置于烧杯（或塑料杯）中，加入 10～20 倍漂浮液进行搅拌混合，然后将粪液用 60 目金属筛或纱布滤入试管中，再用滴管吸取漂浮液滴入试管至液面凸出管口为止。静置 30 min 后，用清洁盖玻片轻轻接触液面，提起后放入载玻片上镜检。

最常用的漂浮液是饱和盐水溶液。饱和盐水溶液的制法：沸水中加入食盐，直至不再溶解生成沉淀为止，食盐的用量为 1 000 mL 水中约加 400 g，然后用 4 层纱布或脱脂棉过滤，冷却备用。也可用硫代硫酸钠、硝酸钠、硫酸镁、硝酸铵和硝酸铅等饱和溶液做漂浮液，可以大大提高检出效果，甚至可用于吸虫卵的检查，但易使卵囊和虫卵变形，故检查时必须迅速，制片时可补加 1 滴水。

> **注意事项**
>
> （1）被检粪便应该是新鲜不能被污染的，最好从直肠采集。采集的用具应避免相互交叉感染。
>
> （2）采取的粪便应尽快检查，否则应放在冷暗处或冰箱中保存。需送检或需长期保存时，可将粪便浸入加温至 50～60 ℃的 5%～10% 的甲醛溶液中，使粪便中的虫卵失去生活能力，既起固定作用，又不改变形态，还可以防止微生物的繁殖。

步骤三 撰写实训报告

猪常见寄生虫病的实验室诊断实训报告

姓名：_____ 班级：_____ 学号：_____ 专业：_____

 实训评价

实训评价表

评价项目	分值	扣分依据	自评分值	小组评分	教师评分	熟悉程度
粪便采集	10	粪便采集方法错误扣5分				基本/熟练掌握
粪便保存	10	粪便保存方法错误扣5分				基本/熟练掌握
粪便淘洗	10	粪便淘洗方法错误扣5分				基本/熟练掌握
清洗沉淀	10	清洗沉淀不当1处扣2分				基本/熟练掌握
离心沉淀	10	离心沉淀不当1处扣5分				基本/熟练掌握
饱和盐水配制	10	配制错误1处扣5分				基本/熟练掌握
涂片制作	10	涂片制作错误扣5分				基本/熟练掌握
显微镜使用	10	显微镜使用不当1处扣5分				基本/熟练掌握
检测结果记录	10	结果记录不当1处扣5分				基本/熟练掌握
规范程度	10	顺序不规范、混乱各扣5分				基本/熟练掌握
合计	100					
教师总体评价						

参考文献

国家市场监督管理总局，国家标准化管理委员会，2021.种猪常温精液：GB 23238—2021[S].北京：中国标准出版社.

李立山，张周，2006.养猪与猪病防治[M].北京：中国农业出版社.

邢军，2022.养猪与猪病防治[M].3版.北京：中国农业大学出版社.

中华人民共和国农业部，2004.种猪登记技术规范：NY/T 820—2004[S/OL].[2024-03-06].https://hbba.sacinfo.org.cn/attachment/onlineRead/90de118bfc0c611fada7e476c815bf2efd9662a11402310c73f960c357a23d9d.

中华人民共和国农业农村部，2009.全国生猪遗传改良计划（2009—2020）[EB/OL].[2024-03-06].http://www.moa.gov.cn/nybgb/2009/dbaq/201806/t20180608_6151413.htm.

朱淑斌，宋之波，2019.养猪与猪病防治[M].北京：中国农业出版社.

朱兴贵，2014.养猪与猪病防治[M].北京：中国轻工业出版社.

图书在版编目（CIP）数据

养猪与猪病防治实训手册 / 达富兰主编 . -- 北京：中国农业科学技术出版社，2024.10. -- ISBN 978-7-5116-7128-8

Ⅰ . S828；S858.28

中国国家版本馆 CIP 数据核字第 2024B2Q998 号

责任编辑　任玉晶
责任校对　马广洋
责任印制　姜义伟　王思文

出 版 者　中国农业科学技术出版社
　　　　　北京市中关村南大街 12 号　　邮编：100081
电　　话　（010）82106641（编辑室）（010）82106624（发行部）
　　　　　（010）82109709（读者服务部）
网　　址　https://castp.caas.cn
经 销 者　各地新华书店
印 刷 者　北京建宏印刷有限公司
开　　本　185 mm×260 mm　1/16
印　　张　9.5
字　　数　217 千字
版　　次　2024 年 10 月第 1 版　2024 年 10 月第 1 次印刷
定　　价　38.00 元

———— 版权所有·侵权必究 ————